螺杆机筒加工技术

主　编　李亚民　李定华

副主编　朱丽春　徐世东

ZHEJIANG UNIVERSITY PRESS
浙江大学出版社

图书在版编目（CIP）数据

螺杆机筒加工技术 / 李亚民，李定华主编. —杭州：
浙江大学出版社，2015.6
ISBN 978-7-308-14641-8

Ⅰ. ①螺… Ⅱ. ①李… ②李… Ⅲ. ①螺杆挤压机—
中等专业学校—教材 Ⅳ. ①TQ330.4

中国版本图书馆 CIP 数据核字（2015）第 082323 号

螺杆机筒加工技术

主　编　李亚民　李定华
副主编　朱丽春　徐世东

责任编辑　杜希武
封面设计　刘依群
出版发行　浙江大学出版社
　　　　　（杭州市天目山路 148 号　邮政编码 310007）
　　　　　（网址：http://www.zjupress.com）
排　　版　杭州好友排版工作室
印　　刷　德清县第二印刷厂
开　　本　787mm×1092mm　1/16
印　　张　11
字　　数　274 千
版 印 次　2015 年 6 月第 1 版　2015 年 6 月第 1 次印刷
书　　号　ISBN 978-7-308-14641-8
定　　价　29.00 元

前　言

挤出机作为塑料机械行业中一种主要设备，约占塑料机械总产值的 31%，其凭借明确的功能，对拥有特殊产能的大型工艺过程具有决定性的贡献。因其技术的特殊性，挤出机很快将成为不可或缺、不可替代的设备。我国塑料机械产业的结构调整提升了挤出机行业的发展空间，但当前国内塑料机械行业的发展现状存在自主创新能力较低、高档与个性化专用品种较少以及行业集中度低等一些问题。这些问题导致我国的塑料机械行业还无法在短期内赶上国外塑料机械行业的水平。经过长期的发展，我国塑机行业的国际影响力不断提高，应对贸易保护主义能力逐渐增强，制造技术水平和整体实力也有了长足的进步，所以我国挤出机行业在外贸出口方面具有许多有利条件。鉴于我国挤出机产品与战略性新型产业紧密相连，具有高效、节能和性价比较高的优势，而对发达国家出口的刚性消费需求仍以中低端产品为主，因此挤出机行业仍然具有较大的市场发展空间。

我国塑料机械企业近年来加大了对挤出机新兴市场的开拓，品牌知名度和市场竞争力进一步提高，对新兴国家出口比重也大为提升。从整体上看，我国挤出机产品的出口增长将会呈现稳中有进的局面。就国内而言，我国仍处于工业化、信息化、城镇化、市场化和国际化深入发展阶段，仍处在发展的重要战略机遇期，这也将给挤出机行业提供不竭的发展动力。

浙江舟山金塘以岛建镇，行政区划属舟山市定海区，螺杆生产开始于 20 世纪 80 年代，蓬勃于 90 年代。经过二三十年的发展，现产销量已占中国螺杆市场的 70% 左右。岛内已形成材料供应、坯料锻打、氮化调质、零配件生产销售、主部件的粗细加工、各种合金金属和边角料销售以及物流运输等一系列涵盖螺杆行业产前、产中和产后的配套产业，使金塘享有"中国螺杆之乡"的美誉。

本书由舟山职业技术学校李亚民、李定华担任主编，朱春丽、徐世东任副主编，参编人员有齐海燕、马燕芬，并由浙江华业塑料机械有限公司潘成武主审。在编写中得到了浙江华业塑料机械有限公司的大力支持，在此表示感谢。

限于时间和编写组的经验，书中难免存在不足和错误之处，敬请读者批评指正，以求不断改进和完善。

编　者

2015 年 2 月

目 录

学习任务一　金塘螺杆的发展历程

 学习目标

1. 了解金塘螺杆风雨兼程三十年的发展历史
2. 了解金塘螺杆领军人物及其创业经历
3. 了解金塘螺杆行业现阶段存在的主要问题
4. 了解金塘螺杆行业发展的主要促进策略
5. 了解 2006 年舟山市定海区被授予"中国塑机螺杆之都"称号
6. 了解 2013 年"中国塑机螺杆之都"称号再次落户舟山定海
7. 了解塑料挤出机的发展历史
8. 了解塑料挤出机的发展趋势
9. 了解塑料挤出机的技术创新

 建议学时

6 学时

 工作情景描述

　　主要使学习者了解金塘螺杆产业的发展经历:金塘螺杆产业从无到有,经历了三十多年的风风雨雨,由弱变强,现已成为中国最大的机筒螺杆、塑机等塑料机械和配套产业生产基地,多年来国内市场占有率一直保持在 70% 以上,定海区也因此被授予"中国塑机螺杆之都"的称号。同时了解我国目前塑料挤出机的现状及发展趋势。

 工作流程与活动

学习活动 1　金塘螺杆之中国制造风(1 学时)
学习活动 2　金塘螺杆企业发展的现状及分析(2 学时)
学习活动 3　"中国塑机螺杆之都"再落定海(1 学时)
学习活动 4　塑料挤出机发展趋势及技术创新(2 学时)

学习活动 1　金塘螺杆之中国制造风

【学习目标】

1. 了解金塘螺杆风雨兼程三十年的历程
2. 了解金塘螺杆领军人物及其创业经历

【学习过程】

一、风雨兼程三十年

三十年前,当改革的春风吹遍神州大地时,南京工艺装备制造厂在生产螺杆,金塘沥港农机厂也在生产螺杆。一个是中心城市的国营大厂,一个是偏远海岛的社队企业,一个技术力量浓厚、资金充足,几乎包揽了国内所有的塑机螺杆生产,一个技术力量薄弱、资金不足,只能为文具机械厂做来料加工,合格率连50%都不到。沥港农机厂第一次生产的20套螺杆中只有8套被采用,生产停停开开,经济运行困难重重。

三十年过去了,南京工艺制造厂还是南京工艺装备制造厂,它已成为了中国机械工业核心竞争力百强企业。而金塘沥港农机厂早已破产倒闭,取代它的是金塘螺杆。

金塘螺杆主要由三部分组成。一是在金塘岛上的600余家的螺杆制造企业,2011年它们实现销售28.6亿元,是金塘的主体产业。二是金塘人在金塘以外创立的螺杆制造企业、合作企业以及子公司等,如定海的"金海"、宁波的"利港"、上海的"金纬"、武汉的"昌华"和甘肃的"华业"等等。这部分企业虽不在金塘,却与金塘螺杆有着千丝万缕的联系,是纳入金塘螺杆范畴的外围产业。三是金塘螺杆配套企业,如为数不少的物流企业,几十家粗坯锻造企业和一百多家只进行粗坯车削及中心孔加工的家庭工业户。

主体产业、外围产业和配套产业,虽然金塘螺杆在一定区域内聚集着众多专业制造企业,但光有大企业的规模而没有大企业的管理环节。这种现象被美国哈佛大学的波特教授命名为"产业集群",在中国则被由习近平总书记任浙江省委书记期间组织的"浙江社会主义市场经济调研组"命名为"特色块状经济"。

风雨兼程三十年,金塘螺杆从一家名不见经传的社队企业,成为具有全国影响的产业集群,形成了特色块状经济,拥有"螺杆之乡"、"螺杆之都"的雅号,承接全国70%的螺杆生产。而它的起点就是金塘沥港农机厂,从金塘沥港农机厂走出来的技术能手以及他们的徒弟、子女——创二代,构成了金塘螺杆经营主体。

二、何世均的创业

1984年10月的一天,在美丽的滨海城市青岛举办的第一届国际塑料橡胶工业加工展

览会上,德国住友(SHI)德马格塑料机械有限公司的硬质合金螺杆陈列柜台前,有两位中国人在对话:

"一根螺杆一万美金,即使用银子做材料,也不用这么贵。如此天价,欺我中国无人也。"

"侬能造得出来?"

"这根螺杆用的材料费不足一千,加上加工费、利润等,只要你有图纸,我用不到二千元给你造出来。"

"我再加一千,第一批先向你订货10根,图纸我们提供,满意付钱,不满意扔垃圾箱。"

一万元且是美金,当时中国"万元户"已经了不得了,这个价格可真够贵的。而更让人揪心的是外汇指标,到哪里去批这么多的外汇指标? 对话中要货的人是上海"熊猫"电缆电线厂张总工程师,他厂里每年报废的硬质合金螺杆就有十几根。当有人能生产这样的螺杆,不仅价格便宜到十分之一不说,还不用报批外汇指标,自然求之不得,当然主动加钱订货,只是他还不大相信这一位能生产出来。

而另一位是金塘沥港农机厂的技术副厂长何世钧。一次偶然的事件,他来到展览会并认识了张工。当他看到发达国家技术垄断下的硬质合金螺杆在中国卖到如此天价,便激发出了一种雄心壮志,下决心要突破这种技术垄断,造出中国自己的硬质合金螺杆来。

好事多磨,何世钧回厂后,作为集体企业的农机厂并不同意他试制这样的螺杆。尽管何世钧立下军令状"试制硬质合金螺杆,使厂里的人均年终产值和利税达到全乡第一。如不达目标愿意自降工资二级,并接受其他处分",可他得到的答复是"想在厂里搞试制,没门! 要试制你自己离厂去搞去"。

在那个时代,这样答复是再正常不过了。

人们都说一个成功的男人背后都有一个伟大的女人。何世钧的妻子听说此事后,二话不说支持丈夫出来单干,并为他借来七千元钱作本钱。当时的七千元,已经够买十根杆螺杆的原材料和加工设备了。

上海"熊猫"电缆电线厂的图纸一到,何世钧立刻动手试制起来。先用了半个月完成了专用螺杆铣床的改造,又用一个多月的时间,将10根BM型螺杆全部加工制造出来。

何世钧带着产品来到上海,经现场测试各项性能指标全部达标。张总工接过测试单子,兴奋地对何世钧说:"你好厉害,用小米加步枪打破发达国家的技术垄断"。随着这次圆满的交货,何世钧家一下子成为了全国最富裕的家庭之———20世纪80年代的万元户。借助创业的这第一桶金,何世均办起了螺杆专业制造企业。

何世均的创业成功了,他的创业起到示范效应,农机厂的一批技术能手也跟着纷纷下海,凭借自己的技术,开始了创业之路。20世纪80年代,何世钧、柯忠祥、徐明华、俞永康、陆国华、许光琪以及钱松岳等人在金塘兴办了第一批螺杆专业制造企业。

何世均的创业,从一个人的创业到带动一批人创业,使金塘螺杆迈开了发展的步伐,一个具有中国特色的专业制造产业在金塘岛上崛起。

三、群"狼"共舞

一群狼在大草原、在嗥叫的旋律中跳起血腥的舞蹈,可以吃掉比它们大上几倍的食草动物。群狼之舞带着血腥,更多的是征服。金塘螺杆所面对的是塑料加工、电线电缆制造和化纤制造等年产值万亿元级的中国制造支柱产业,要从这些庞大的产业中生生"咬"下一口肉来,这群"狼"是如何做到的? 就让我们窥一窥他们是怎样"虎口夺食"的。

夏增富:"浙江华业塑机股份有限公司"老总,螺杆之乡领军人物,造中国最好的螺杆。

一个已过不惑之年的成功企业老总,走出豪华办公室,走进简陋的教室去学习机械制造,这已经够让我们惊奇的了。而更让人惊奇的是他曾以 30 万元年薪聘请台湾专家做材料分析,以每人次 10 万元的报酬请德国专家做技术指导。一个民营企业老总,不注重与客户洽谈业务,却喜欢与专家学者交朋友。为获知一个技术,他可以在国外连续 4 天与专家在一起喝酒休闲;为了一个技术难题,他也可以立即飞往广东,找一个熟悉的专家聊到深夜。所有这些,就是为了走高技术、高附加值的螺杆制造道路,制造中国最好的螺杆。成功属于意志坚定的人,"华业"2011 年生产总值超过了 5 亿元。其生产的螺杆产品价格总是比别人卖得高却更抢手。相对普通产品,"华业"的产品利润更高,如他们生产的"无卤螺杆"利润是普通螺杆的 10 倍。当美国 XALOY 公司来洽谈合作事议时,面对世界塑料机械行业中的老大,夏增富不卑不亢地说:"合作,可以。要我们退出高端产品市场,不可以。"何等的气概! 这种气概是以他一生追求的"造中国最好的螺杆"为底气的。

何春雷:金湖集团老总,喜欢综合性大开发,"不把鸡蛋放在一个篮子里"。

在家乡发展有优势,在外发展也有优势;专业生产有优势,多种经营也有优势。孰好孰坏? 只是各人选择的结果,不同的选择只会使金塘螺杆的发展更加繁荣。何春雷选择了后者,他依托螺杆抢滩上海,抢占人才高地,借助人才的优势发展螺杆产业,把做大螺杆产业的成功经验推向新的领域。"金湖"生产螺杆,但不仅仅生产螺杆,在生产螺杆的基础上延伸出成套设备生产、承接工程等领域。"金湖"酝酿出了独特的企业文化,已拥有浙江金湖塑机、舟山金湖化纤机械和上海金湖机械有限公司等 11 家企业。在上海和浙江拥有 5 个生产基地,成为一家跨地区、跨行业的综合性民营企业,2008 年主营业务收入已经突破 5 亿元。

姚海峰:"嘉丞"老总,最早进入园区(金塘)的企业,喜欢做最小的螺杆。

姚海峰对螺杆生产的经济效益有着独立的思考。最早搬进(金塘)工业园区是为经济效益,原来的厂房小、分散,人工搬运耗去了他很大一部分的企业利润。入园后厂房大了、集中了,人工搬运费自然省去了,创益不少。同样是一根螺杆,大的比小的贵,而生产成本、耗时相对提高不多,因此做大的比做小的赚钱。很多人喜欢做大螺杆,而姚海峰并不这样认为,他觉得在当今自动化程度提高的情况下，做小的比做大的螺杆更赚钱，如便携式加工机螺杆、机器人螺杆和迷你式机械手螺杆等等，姚海峰更喜欢做小螺杆，这是一种错位竞争。

吴汉民："通发"老总，发明达人，得意杰作"纳米塑料机械"。

汽车停了，不用加油，加上海水和一个铝块即可。"海水电池"用作汽车动力的原理早已被人提出来，但具体应用可能要等到22世纪了。三十多年前，还是物理教师的吴汉民喜欢摆弄"海水电池"，带着22世纪梦想，吴汉民办起了螺杆生产企业。他能办好吗？很多人怀疑。有一天，已经是厂长的吴汉民突发奇想，有杀菌功能的"纳米"塑料很有市场，我何不去发明生产"纳米"塑料的机械？这种机械的关键就是挤出力大的螺杆。于是，一种名为"锥形同向双螺杆挤出机"的机械问世了。有人对该机械所能创造的市场总值评估：200亿元！吴汉明不用做什么，凭这台机械就可以"吃"上一辈了。可已经60岁的他，就像是一辆没有刹车的车子，停不下来了。他每天还在搞发明创造，辛苦工作，不知是为了啥。

徐辉：创二代，年轻。

金塘螺杆走过三十年，第一代经营人正在老去，"创二代"开始接班。随着像徐辉这样的"创二代"越来越多地登上舞台，金塘螺杆正焕发出新的活力。徐辉毕业于河南科技大学，后赴新西兰留学，他与父辈最大的不同体现在企业管理和贸易方式上。标准化管理、成长性管理、"4S"管理，使得企业的品质得以提升，而企业品质的提升也带动了外贸订单的增长，这是一种新兴的经营方式。

我们不可能历数所有金塘螺杆创业人。夏增富的高端螺杆、何春雷的螺杆产业、姚海峰的最小螺杆、吴汉民的螺杆发明、徐辉的出口螺杆，一群有独特人格魅力的企业家在金塘这片土地上展示了他们的活力。在生活中，他们似乎与普通人没多大区别，而他们一旦进入制造业领域，就会一反他们在生活中的祥和，"狼性"涌现，跳着独有的舞步，从市场中狠狠"咬"下一块肉来。金塘螺杆因为有他们而充满无限活力。

四、后工业化

有人做过不完全统计，金塘的人均国民收入已经超过了二万美元，相当于捷克共和国这样一个欧洲中等发达国家的水平。借助螺杆生产，金塘实现了工业化，即将迎来"后工业化"时代。

金塘螺杆具有三个发展时期：

一是专业制造时期。当何世均从农机厂走出来创业，就把螺杆作为一种专业制造从"中国制造"中分离出来。此前的中国制造企业专业分工不明确，企业把生产配件、组件和组装等工作都包揽了，生产效率低下。导致企业，将配件生产分离出去，交给别的企业去做，而本厂只负责总装。金塘螺杆就是从塑机制造等行业中分离出来的。随着中国制造的专业分工越来越细，金塘螺杆也快速发展。这个时期的时间跨度约在1984—1996年。师傅带徒弟，徒弟转身做师傅,这个时期的金塘螺杆企业已有上百家,从业人员几千人。

二是"产业集群"或称"块状经济"时期。企业生产要有规模效应,但有规模的大企业因管理环节过长而造成执行效率低下。但众多同一专业领域的小企业集聚在一起,就会出现拥有大企业的规模效应却没有大企业的管理环节长的缺陷。早期的金塘螺杆创业企业具有市场竞争优势,但在此"块状经济"占有一定市场份额的情况下,相互压价的情况出现了。企业需要重新分工,夏增富去做高端产品,何春雷去寻找新的天地,姚海峰去做最小螺杆,吴汉民去发明特种螺杆,徐辉去寻找出口市场等等,高、中、低不同层次的企业组成了金塘螺杆的产业集群。这个时期的时间跨度约在1997年—2008年。这期间浙江的"一村一品"、"一乡一业"不断涌现,除金塘螺杆外,浙江还出现"诸暨大唐丝袜"等著名的块状经济。

三是后工业化时期。当2008年世界金融危机席卷全球,金塘螺杆的发展也成为要破解新的难题,而它的破解正在进行中……

2012年11月22日,"PPTS中国国际塑料加工技术高峰论"在金塘召开,"金塘螺杆"迎来了三十周年庆典,专家学者、各级领导欢聚一堂共谋发展大业。

金塘螺杆后工业化时代更美好,金塘螺杆的明天更美好!

学习活动 2　金塘螺杆企业发展现状及分析

【学习目标】

1. 了解金塘螺杆行业现阶段存在的主要问题
2. 了解促进金塘螺杆行业发展的主要策略

【学习过程】

金塘以岛建镇,行政区划属于定海区,螺杆生产开始于 20 世纪 80 年代,蓬勃于 90 年代。经过二三十年的发展,现产销量已占中国螺杆市场的 70% 左右。岛内已形成材料供应、坯料锻打、氮化调质、零配件生产销售、主部件粗细加工、各种合金金属和边角料销售以及物流运输等一系列涵盖螺杆行业产前、产中、产后的配套产业,使金塘享有"中国螺杆之乡"的美誉。

但近年来随着国内外诸多因素的影响,特别是受全球金融危机的影响,金塘螺杆制造业的发展速度有所放缓,螺杆行业存在的问题日趋明显。企业出口产品数量骤减,外贸出口严重受挫,部分小企业甚至出现停产停工现象,国际金融危机对岛内实体经济造成了严重的冲击。

一、金塘螺杆行业存在的主要问题

1. 企业规模偏小、资金实力弱

据统计,金塘螺杆行业现有各类市场主体 434 户,其中个体户 205 户,法人企业 229 户。在 229 户企业中,注册资本大于 500 万元的企业只有 13 家,只占金塘螺杆行业各类市场主体总数的 3%,说明了金塘螺杆企业存在着数量众多,规模较小的情况。

螺杆行业大多数采用家庭生产方式,一家一户单干,抗市场风险能力非常弱。家庭创办的企业大多依靠家庭自有资金以及通过向亲戚朋友借入资金来购置设备,往往没有充足的资金用于螺杆产品的研发和更新换代,致使企业间产品差异不明显。除了华业、金星等几家规模较大企业的部分产品具有差异性外,其他企业的产品本质上差别不大,基本上处于初级加工阶段。而且绝大部分企业产品都以销往国内市场为主,从事出口的少之又少,这就造成了企业竞争范围狭窄,大部分企业竞争能力不强。个别企业甚至采取了低价竞争、以次充好等恶意竞争以及不诚信经营行为夺取客户资源,使得行业利润受到挤压,扰乱了市场环境,导致整体利润下降、产品积压。同时,家庭企业向外部融资也很困难。由于缺乏抵押物及质押物,家庭企业的担保能力和偿还能力在银行资产评估中得分极低,难以从银行获得贷款,或无法得到期望数额的贷款。资金缺乏是个私企业上规模、上档次、谋发展的一个严重制约

因素。

2. 家族制模式经营,现代企业理念淡薄

当前金塘螺杆企业大多采用家族管理模式,企业老板集投资者与经营者于一身,企业的重大决策都由其一人拍板,所有权与经营权难以分离。这种过于集中的决策机制,在经营环境稳定的情况下或在企业初创时期,具有一定的优势,可以降低企业内部的管理成本。但个人的精力、视野及经验毕竟有限,企业的兴衰完全维系在一人身上,未免孤注一掷。随着公司规模的增大,虽然聘用职业经理的比例在上升,但绝对数量并不高。坚固的家族壁垒,使企业难以突破人才资源和知识结构的局限,难以引进优秀人才。即使引进了人才,也因为潜在的不信任和排外心理,使员工的主动性、积极性和创造性受到挫伤和抑制,企业员工素质难以提高。

3. 核心技术缺乏,市场竞争力不强

金塘螺杆企业除了少数几家大企业肯花大力气投入研发资金,生产出高端产品,具有一定的创新能力外,其他绝大多数的岛内螺杆企业,其生存和发展主要还是依靠产品的低价策略来取得竞争优势,而不是通过技术创新、工艺创新、流程创新等来提升竞争力。低价产品本来利润空间就小,生产厂家又如此之多,竞争激烈程度可想而知。与此同时,多数企业对品牌重视不够,思想仍停留在做产品上。对品牌的建设力度不够,整个金塘螺杆行业只申请了50多个注册商标。螺杆企业缺乏自主知识产权和核心技术以及具有较高附加价值的名牌产品,使其容易受市场环境波动的影响,削弱竞争力。

4. 要素制约明显,发展后劲不足

一是财政、人才支持力度低。近年来,金塘地方财力十分有限,缺少对企业技术创新、技术应用的优惠政策,在人力资源方面也没有引进人才和培训熟练技术工人的机制和政策。二是土地供需紧张。金塘土地资源历来十分匮乏,土地供需矛盾非常突出,虽然通过滩涂围垦、挖掘闲置土地来提高土地利用率,但仍难以满足企业用地的需求。

二、促进金塘螺杆行业发展的主要策略

金塘螺杆产业在经历了二三十年的风雨洗礼和国际金融危机的强烈冲击后,发展前景可谓是困难重重,只有挖掘内外千里、不断创新、拓展国内外市场,才能帮助企业更好更平稳地度过危机,促进螺杆产业焕发新的生机。

1. 发挥政府力量,为企业发展"保驾护航"

(1)加大金融扶持力度。对于目前企业融资难问题,可以根据实际情况采取相应的金融措施,为企业量身定做金融方案,积极为企业和各信贷机构牵线搭桥,以便企业能更好地并购重组、整合资源和开发应用新技术。

(2)缓解要素制约程度。金塘企业的发展关键要素是,政府应进一步加快工业园区建

设,出台优惠政策,鼓励企业入园,走"高、精、专、特"的发展之路,形成一批具有行业特色的知名品牌,以及拥有自主创新能力的企业。要增强民营企业的品牌意识,使之树立运用商标与品牌的战略意识,放弃目光短浅的模仿产品行为。工商部门要帮助企业了解品牌经营中的商标应用策略和商标侵权等问题,促进企业创品牌理念的形成,逐步规范靠模仿、贴牌、虚假标注等不规范行为,引导企业从产品设计和品牌包装上突破,走自主创新之路。

(3)加强企业服务力度。组织相关部门走访企业,掌握各类企业目前所处的经济状况、所面临的经济困难,以便及时了解企业经营状况。同时有针对性地联系协调各有关部门,采取相应措施解决企业的实际问题和困难,积极帮助企业创新管理模式,使其向现代企业的方向逐步转型。

2. 转变经营思路,促进企业自身发展

(1)加快企业转型升级。企业要想增强应对不确定因素影响的能力,抗击各类经营风险的能力和参与国内外市场持续竞争的能力,就必须痛下决心,正视自己的弱项,着力调转"船头",主动转型升级。螺杆企业要加大产品科技投入,提高产品科技含量,增强产品差异性,在保持国内市场份额的前提下,积极开拓国际市场。只有做到从被动应对转向主动调整,从安于现状转向推陈出新,才能真正保持经济快速发展的势头,推动发展的质量和效益上一个大的台阶。

(2)创新企业治理体制。健全有效治理体制是企业发展的关键因素之一,不仅有利于分散企业的经营风险,灵活企业的资本流转,同时也有利于增强企业决策的科学性,提高企业内部监督的能力和水平。当前金塘企业组织运营模式缺乏规范化、科学化,使得企业在经营过程中存在许多弊端,特别是在金融危机的冲击下暴露出了许多问题。对此,企业必须加以深刻认识,吸取教训,加快构建有效的企业治理体系,使企业的运作真正走上科学、高效、规范的道路。要创新发展模式,走规模化发展道路,提升企业的核心竞争力。只有通过创新,提升产品的科技含量,才能提高产品的附加值。通过强化创新,才能提升民营企业的综合实力。有条件的民营企业,特别是已起步的民营科技企业,要以科技为先导,积极引进具有国际先进水平的高新技术。同时,要消化吸收引进的技术,在开发创新上下功夫,努力发展高、精、深产品,创优良品牌。

(3)加强文化建设,提高员工素质。企业竞争力的强弱在很大程度上取决于员工队伍素质的高低。应该清醒地认识到,应对当前危机和实现企业未来发展都要依靠高素质的员工队伍,而企业的文化建设则是打造高素质员工队伍的基础和保证。为此,企业要切实加强文化建设,努力通过文化建设使企业的价值理念、道德规范和行为准则为全体员工所认同、所接受,成为全体员工的自觉行为,不断增强员工的敬业精神,激发员工的创业激情,为企业战胜国际金融危机和实现可持续发展提供可靠的队伍基础和人才保证。

3. 实施品牌战略,培育核心竞争力

随着竞争中对品牌重要性越来越依赖,螺杆企业应该树立品牌战略观念,时刻不忘创品牌、保品牌。目前企业遭遇的困境说明了品牌塑造的重要性,给企业敲响了警钟。企业应不断加强自身的品牌观念,提升产品质量,循序渐进地塑造优质品牌,才能在激烈的市场竞争中立于不败之地。品牌的塑造是企业的长远目标和任务,是企业培育核心竞争力的一项有效途径,不可或缺。

学习活动 3　"中国塑机螺杆之都"再落舟山定海

【学习目标】

1. 了解 2006 年舟山市定海区被授予"中国塑机螺杆之都"称号

2. 了解 2013 年"中国塑机螺杆之都"称号再落舟山定海

【学习过程】

一、舟山定海被授予"中国塑机螺杆之都"称号

2006 年,从中国机械工业联合会传来喜讯,定海区被授予"中国塑机螺杆之都"称号,这一特色区域性经济质量荣誉称号在舟山市尚属首家。

据统计,多年来定海塑机螺杆的国内市场占有率一直保持在 70％以上,近三年年销售额在全国同类区域名列第一。定海区已经成为中国最大的塑机螺杆生产基地,是全国机筒螺杆、塑机整机等塑料机械的重要生产基地。"十五"期间,塑机螺杆产业发展势头更加迅猛。2005 年全区塑机螺杆行业实现工业总产值 22.3 亿元,同比增长 43.17％。至 2006 年 11 月止,塑机螺杆实现工业总产值 22.7 亿元,同比增长 31.8％,预计全年产值可达到 28 亿元。

二、"中国塑机螺杆之都"称号再落舟山定海

2013 年 12 月,经过由中国机械工业联合会质量部副部长李建林带领的考评组多方调查评审,定海区正式通过"中国塑机螺杆之都"荣誉称号的复评。这意味着,"中国塑机螺杆之都"这张金名片将在定海这片热土上继续演绎辉煌。

自 2006 年定海区被中国机械工业联合会授予"中国塑机螺杆之都"荣誉称号以来,定海区塑机产业在建立特色产业集群、扩大市场规模、规范企业管理、拓展国际贸易、加强品牌建设、推动科技创新、引进专业人才等诸多方面都取得了丰硕的成果。多年来,定海区塑机螺杆在国内市场的占有率一直保持在 70％以上,行业产值从 2006 年的 24.8 亿元增长到 2012 年的 42 亿元,年平均递增 10％以上,其中 2012 年产值上亿元的企业达到 4 家。

考评期间,考评组听取了定海区螺杆产业发展情况的汇报,实地考察了浙江华业塑机股份有限公司等相关企业,审阅了相关资料,并与定海区相关部门、区塑机行业协会代表及重点企业代表进行了深入交流。考评组建议,定海区应以此次复评为新的起点,进一步认清形势、抢抓新机遇、完善新思路,继续大力推进技术创新、品牌创新、市场创新、体制创新、管理创新、人才创新,加快转型升级,加大龙头企业和品牌的培育扶持力度,引导企业提高产品质量,改善售后服务,鼓励引导更多条件成熟的企业转向整机生产。已发展整机生产的企业尽

量提高整机比重,拉长塑机螺杆产业链,努力打造重要的全国塑机整机生产基地。积极创建国家级、省级名牌,努力做大区域品牌,拓展销售渠道,稳定和扩大发展国内市场,进一步提高国际市场占有率,真正打响定海"中国塑机螺杆之都"这块金字招牌。

学习活动 4　塑料挤出机发展趋势及技术创新

【学习目标】

1. 了解塑料挤出机发展历史

2. 了解塑料挤出机的发展趋势

3. 了解塑料挤出机的技术创新

【学习过程】

一、塑料挤出机的发展历史

1. 早期应用

塑料挤出机起源于 18 世纪,英格兰的 Joseph Bramah 于 1795 年制造的用于制造无缝铅管的手动活塞式压出机被认为是世界上第一台挤出机。从那时开始,在 19 世纪的前 50 年内,挤出机基本上只应用于铅管的生产、通心粉和其他食品的加工、制砖及陶瓷工业。

2. 广泛应用

挤出机在作为一种制造方法的发展过程中,第一次有明确记载的是 R. Brooman 在 1845 年申请的使用挤出机生产固特波胶电线专利。固特波公司的 H. Bewlgy 随后对该挤出机进行了改进,并于 1851 年将它用于包覆 Dover 和 Calais 之间,第一根海底电缆的铜线上。1879 年英国人 M. Gray 取得了第一个阿基米德螺线式螺杆挤出机专利。在此后的 25 年内,挤出方法逐渐重要,并且由电动操纵迅速替代了以往的手动挤出。1935 年,德国机械制造商 Paul Troestar 生产出用于热塑性塑料的挤出机。1939 年,他们将塑料挤出机发展到了一个新的阶段——现代单螺杆挤出机阶段。初期机械操纵的柱塞式挤出机生产了成千上万公里的绝缘电线和电缆,从而牢固地确立了挤出法用于生产电缆的地位。早期生产电缆的挤出机无论是手动的、机械的或者液压的,全部为柱塞式。在生产过程中,柱塞将热的古塔波胶压入到通有铜导线的口模中,古塔波胶从口模中被挤出,包覆在铜导线上形成绝缘层。

二、塑料挤出机的现状

在中国塑料加工业中,约 1/3 至 1/2 的塑料制品是通过挤出成型来制造的。作为第二大类塑机产品,挤出成型机的产量和销售额约占塑料机械的 20％～25％,塑料挤出机的品种占塑料机械品种的 30％,该比例还有逐年上升的趋势。中国现有的挤出机生产厂多数为民营或乡镇企业,主要集中在塑料加工业发达地区,如浙江、辽宁、山东和广东等沿海地区。全国 124 家主要挤出机企业的工业总产值为 38.7 亿元,沿海地区占 70％以上。但每年能够生产 300 台(套)以上的挤出机厂家仅有三四家,大部分企业只能生产低档次的老产品,难以达到较大的经济规模。尤其在控制水平、效率、精度、可靠性和成套性等方面与发达国家产品相比差距较大。

中国生产的挤出成型装备,主要集中在一般中小型通用机械上。大型、精密的挤出机主要依靠进口。建材、包装薄膜、容器以及日用品生产是挤出机的主要应用市场。

近年来受到政策的扶持,中国各种塑料管材和用于塑料门窗的塑料异型材发展十分迅速,年增长率为 15%,位居世界第一位。塑料门窗和塑料管材在塑料制品市场上的占有率分别为 13% 和 10% 左右。预计今后几年内,塑料管材产业的年平均增长速度可达 20%。

目前中国塑料管材生产企业虽然已超过 1000 家,但万吨级企业只有 30 多家,绝大多数企业的生产规模不足 3000 吨/年,达不到较大的经济规模(国外企业的经济规模一般在 2 万吨/年以上)。中国塑料管的生产设备最初是从国外引进的,近年来已基本实现了国产化,除用于大口径波纹管生产的挤出机外,基本能够满足市场需求。

与之相类似的是塑料门窗异型材市场。中国现有的型材年生产能力在 180 万吨至 200 万吨之间,但实际生产量只有 80 万吨左右,总体表现产能大、产量低。这既有管理和市场的因素,也有国产设备质量不稳定的原因。

三、塑料挤出机的发展趋势

随着塑料工业的发展,塑料品种日益增多,从而促使塑料加工机械迅速发展。目前,塑料挤出机正朝着大型化、高速化、高效化和多功能自动化方向发展。增大螺杆直径,可提高挤出机的生产能力,当螺杆直径增大一倍时,挤出机的生产能力可提高几倍。国外螺杆直径为 200mm、250mm 的挤出机已很普遍,螺杆直径大于 400mm 的专用挤出机也并不罕见。提高生产能力的另一个有效方法是提高螺杆转速。国外已出现了转速 300r/min 以上的高速和 400r/min 以上的超高速挤出机,从而使挤出机的生产能力获得极大提高。

但提高转速后带来了塑化不良等问题,这就促使人们对挤出理论和螺杆的结构进行研究,从而出现了许多新型螺杆,如分离型、分流型、屏障型、组合型等。螺杆的长径比也由过去的 20:1 发展到 35:1,甚至高达 43:1,这对提高塑化质量和效率都非常有效。

为了提高螺杆和料筒的使用寿命,人们在生产中使用了各种耐磨、耐腐蚀的合金钢。如使用 Xaloy 合金作为料筒的衬套,或对螺杆进行辉光离子氮化及表面喷涂硬质合金等处理。

塑料挤出机的发展历史只有一百余年,但其规格、品种已经达到了相当完善的程度。目前挤出机的发展趋势主要表现在以下几个方面:

首先是螺杆结构的改进。普通单螺杆挤出机仍然是应用最多的机种,至少占挤出机总量的一半以上。因此改进单螺杆结构,使之向高效率、低能耗、多功能、增强塑化混炼能力、提高制品质量和产量的方向发展,是目前较为热门的研究课题。现已研制出结构不同于常规三段螺杆的各种新型螺杆,如分离(BM)型、屏障型、分流型以及组合型等螺杆,此外还有所谓的突变型、等距锥型、行星型等螺杆,这些螺杆各自有其独特的功能。

其次是多螺杆挤出机的发展。目前双螺杆挤出机已相当成熟,在此基础上又发展出了三螺杆和四螺杆挤出机。两级式挤出机又被称为阶式挤出机,自1965年问世以来发展较快,日本、澳大利亚以及欧洲等国家已批量生产。

再次是塑料挤出机的自动化发展。塑料挤出机的自动化不仅提高了生产效率、节省人力,而且在提高制品质量方面效果显著。如采用微机对挤出机工艺参数进行检测和控制,取得了良好的效果,温差可控制在±1℃以内。挤出设备采用微电子技术,使塑料成型加工向准确、精密、高效、节能和自动化方向发展。

此外,为了适应不断增加的品种和新材料、新工艺的要求,近年来新式或专用挤出机不断出现,如多螺杆挤出机、无螺杆挤出机、传递式混炼挤出机、反应式挤出机、超高分子挤出机、双色挤出机和发泡挤出机等等。

四、塑料成型技术的发展趋势

随着工业产品塑料化趋势的不断增强,塑料制件的应用范围不断扩大,对塑料制件在数量、质量、精度等方面均提出了越来越高的要求,并促使塑料成型技术不断向前发展。目前塑料成型技术正朝着精密化、微型化、超大型化和自动化成型生产方向发展,现就塑料成型技术的发展趋势简述如下:

1. 研究成型理论

深入研究掌握塑料成型原理和工艺,加深对塑料成型过程中所发生的物理、化学变化和力学行为的认识,借以改进生产技术、方法和设备。

2. 改革创新成型工艺

为适应新型塑料制件的要求及提高塑件质量和生产率的需要,新的塑料成型工艺不断涌现,如多种塑料共注射成型、多种工艺复合模塑成型、无流道注射成型、低发泡注射成型、反应注射成型和气辅注射成型等等。

3. 发展模具新结构、新材料和新工艺

重点开发精密、复杂、大型、微型、高效、长寿命模具,以满足塑料制件精密化、微型化和大型化的要求,同时发展多腔、多层、多工位模具和多功能、组合模具。

随着挤出机挤出速度与压力的提高、增强塑料的广泛应用和添加量的不断增多,模具寿命成为一个突出问题,必须从模具材料及表面处理技术方面入手延长模具寿命。

为了提高模具制造精度,缩短制造周期,在模具制造加工中广泛应用高精度、高效率、自动化机床,如仿形、数控、电加工机床和三坐标测量仪等精密测量设备。此外,采用精密铸造、冷挤压、电铸等工艺,使型腔的加工工艺获得重大进展。

4. 加速模具零部件标准化和专业化

实践证明,标准化和专业化是缩短模具设计制造周期,降低模具成本行之有效的途径,同时也可为计算机辅助设计与制造创造有利条件。各工业化国家对模具标准化和专业化生产均十分重视,美国和日本模具标准化程度已达 70%～80%,而我国仅为 20%,模具专业化生产程度美国和日本分别达到 90% 和 70%,而我国仅为 10%。因此,必须加速进行此方面的工作。

五、国产塑料挤出机生产效率不高的主要原因

主要原因有四个方面:模头、冷辊、电晕和在线同步。

1. 模头

我国的塑料挤出机中,进口模头与国产模头使用都较多,但进口模头的使用效率并不比国产的更高。这是因为进口模头的要求较高,设计流通时,根据料的流动性进行了专门设计。进口模头采用高品质的原材料,其产品质量也较好。但使用进口模头并不意味着一定能生产高品质的产品,产品的质量需要整条生产线进行配合。目前随着各行业技术水平的提高,国产模头加工设备在材质、热处理、电镀等各方面均取得了巨大进步。近十年内,国产设备基本都使用国产模头,有些产品开始配置进口模头,但最终还是以国产模头为主。

2. 冷辊

很多人认为国产机开不快是模头或机械设计有问题,其实辊也是一个关键问题。国内的流延辊厚度基本在 18mm 左右,而国外的只有 8mm 左右。流延膜骤冷定型,若辊太厚定型就较慢,因此生产效率不高,进口机由于辊薄所以生产效率较高。

3. 电晕

电晕机在进电晕时若把膜展平,会使得电晕不匀,因此进行电晕前一定要将膜展平。电晕辊液体硅胶硬度在 70 时最佳,但目前国内电晕辊基本均为 65 左右,硬度不够。反面电晕的主要问题也存在于胶辊上,如膜未展平、胶辊硬度不够等。

4. 在线同步

国内很多流延机组的同步率在 5% 左右,开机时缓慢调速可使厚薄均匀,但浪费较大,其主要原因是电器的设计问题和减速箱的选型问题。

六、塑料挤出机的发展方向

1. 模块化和专业化

塑料挤出机模块化生产可以适应不同用户的特殊要求,缩短新产品的研发周期,争取更大的市场份额。而专业化生产可以将挤出成型装备的各个系统模块部件定点生产,甚至进行全球采购,对保证整机质量、降低成本、加速资金周转都非常有利。

2. 高效化和多功能化

塑料挤出机的高效主要体现在高产出、低能耗、低制造成本等方面。在功能上,螺杆塑料挤出机不仅已用于高分子材料的挤出成型和混炼加工,还拓宽到食品、饲料、电极、炸药、

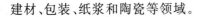

建材、包装、纸浆和陶瓷等领域。

3．大型化和精密化

实现塑料挤出机的大型化可以降低生产成本，在大型双螺杆塑料造粒、吹膜、管材挤出等机组上优势更为明显。国家重点建设服务所需的重大技术装备——大型乙烯工程配套三大关键设备之一的大型挤压造粒机组长期依赖进口产品，因此必须加快国产化进程，满足石化工业发展的需要。

4．智能化和网络化

发达国家的塑料挤出机普遍采用现代电子和计算机控制技术，对整个挤出过程的工艺参数如熔体压力及温度、各段机身温度、主螺杆和喂料螺杆转速、喂料量，各种原料的配比、电机的电流电压等进行在线检测，并采用微机闭环控制，这对保证工艺条件的稳定和提高产品的精度都极为有利。

七、塑料挤出机的技术创新

中国常规挤出机及生产线以优异的性价比逐渐走俏国际市场，同时我国在先进挤出技术领域不断创新，开拓出了多种新型挤出产品，使精密挤出技术适应高精加工的需要。

1．熔体齿轮泵

精密挤出成型可以免去后续加工流程，更好地满足制品应用的需求，同时达到降低材料成本、提高制品质量的目的。如今，为了满足塑料制品精密直接挤出的需要，多种成熟的技术已经推向市场，聚合物熔体齿轮泵就是其中一种重要技术。这一技术已经广泛应用于化纤、薄膜、型材、管材、板材、线缆、复合挤出和造粒等生产线。

北京化工大学橡塑机械研究所经过多年对熔体齿轮泵的系统研究，已成功完成塑料熔体齿轮泵的系列开发和研制，现已能够设计制造塑料熔体齿轮泵产品有 28/28、56/56、70/70、90/90（中心距/齿宽）等。产品最大出入口压力差可达 30MPa，能够满足不同产量的要求，并已在实际中得到应用，取得良好的效果。该研究所还通过对一体型齿轮泵挤出机进行深入研究，设计开发了 115 一体型齿轮泵挤出机。

齿轮泵对橡胶行业精密成型同样大有裨益，为了满足国内对橡胶熔体齿轮泵的需求，北京化工大学还与北京航空制造工程研究所和杭州朝阳橡胶有限公司合作，共同研制开发XCP150/100、XCP120/90 两种型号橡胶熔体齿轮泵挤出机组。这一机组具有理想的工作特性，能够保证挤出量与齿轮泵的转速呈线性关系，可以实现对产量的精确控制，提高产品的尺寸精度。

2．多层共挤技术的成熟发展

多层复合技术利用具有中高阻隔性能的材料与其他包装材料复合，使综合阻隔材料的高阻隔性与其他材料廉价、特殊力学或热学等性能相结合，实现特定的功能需要。共挤出复合薄膜的结构设计逐步要求能系统地达到集功能、技术、成本、环保、安全和二次加工于一体的理想境界，从而实现复合层数最大化这一供应商所追求的技术。广东金明塑胶设备有限公司的七层复合薄膜共挤吹塑技术是中国在这一领域发展的典型。

该七层复合薄膜共挤吹塑机组采用的关键技术包括：两短一长及螺距变化的螺杆塑化挤出系统、工程分析软件对振动诱导塑化装置的优化设计、平面阀加成型模头和斜式阀加成型模头、内冷技术及双风口负压冷却技术、多组分失重式计量喂料、在线薄膜厚度精确控制系统以及计算机集中自动控制系统和总线控制（CANOPEN）技术等。

在增多层数的同时，能够适应特殊功能的薄膜生产技术也是市场发展的热点之一。广东仕诚公司设计制造的幅宽为 3150mm 的 PP 环保木纹膜流延生产线产能超过 800kg/h，螺杆为高速剪切、混炼、高效率塑化螺杆，客户可以直接使用高填充碳酸钙粉以及无机颜料色粉，节约昂贵的原材料成本。整线除可以生产 PP 环保木纹膜生产外，还可以灵活地转换生产其他产品，拓宽客户的产品种类。在仕诚公司的试生产过程中，不但生产出了美观的 PP 木纹膜，还生产了 CPP 薄膜、PP 文具薄膜及 PP 文具片材等。

3. 创新的三螺杆配混技术

平行同向旋转双螺杆挤出机用于配混造粒生产线，经过 20 余年的高速发展，其技术已经相当成熟。另一方面，传统的啮合盘式与往复螺杆式挤出机为了适应高填充配混的需求，产业化程度也不断提升。

4. 混沌混炼的高性能高分子包装材料

辉隆公司与华南理工大学共同合作的"基于混沌混炼的高性能高分子包装材料成型关键装备及技术研发"项目通过了广东省科技厅的科技成果鉴定，并获得国家"2007 年度科学技术进步二等奖"（证书号：2007-257）。该项目中"多边螺槽对流式螺杆的混沌混炼型低能耗挤出机"的名义比功率 0.17 kW/(kg/h)，仅为国标要求的 0.32 kW/(kg/h)一半左右，节能显著，属国际首创，整体技术及产品达到国际先进水平。

（1）采用流变学建模方法，结合控制高分子材料形态演变的微观流变学模型，对高分子材料挤出加工中的流场以及共混物和纳米复合材料的形态演变进行了建模、仿真和分析。尤其对挤出机内熔融、混炼和熔体流动等的理论进行研究，揭示了如何提高熔融、混炼性能以及降低能耗的机理。

（2）基于上述理论研究，研制的混沌混炼型低能耗挤出机在原理上与国内外普遍采用的挤出机明显不同。后者产生的是经典 Maddock 熔融过程和剪切混炼，其熔融和混炼效果较差，而前者则产生了分散熔融和混沌混炼，物料所产生的剪切热小于其熔融所需的热能，可防止材料在熔融和混炼过程中发生过热而浪费能量，节能效果明显。经广东省技术监督机械产品质量监督检验站现场检验表明，该挤出机的名义比功率（即单耗）为 0.17 kW/(kg/h)，比国家机械行业标准 JB/T 8061-96 的规定值 0.32 kW/(kg/h)约低 0.15 kW/(kg/h)。

与代表目前国际上挤出复合最高水平的两家国外公司(美国 Davis Standard 公司和日本住友重机械摩登公司)所生产的挤出机进行比较的结果表明,本成果的挤出产量最高,而配备的电机功率最低。同时,该挤出机还具有挤出熔体温度低(低 10～20℃)以及物料适应性强等优点。

(3)在上述宏观流场模拟和微观形态演变理论研究的基础上,结合研制的混沌混炼型低能耗挤出机,对高分子共混物(尤其是黏度比远大于 1)和纳米复合材料(尤其是以聚烯烃这类非极性材料为基体)的形态演变、分散状态和宏观性能进行了系统研究,证实混沌混炼型挤出机可改善加工性能、降低加工能耗,尤其是其提供的拉伸和折叠效应有利于高度分散、薄片状、插层或剥离等形态的形成,在一定程度上解决了纳米粒子在高分子材料加工中易团聚的难题,大幅度提高了包装制品的阻隔性能和力学性能。

(4)采用混沌混炼型低能耗挤出机以挤出的方法生产 EVA 预涂膜,与常规的采用有毒溶剂溶解 EVA 涂覆在基材上的方法相比,消除了有毒有机溶剂的排放及其对环境的污染和人体的损害。此外,大幅度提高了挤出膜与复合基材的粘合性能,实现了"无胶粘促进剂的绿色复合工艺"。

【巩固习题】

1. 目前,塑料挤出机的发展趋势主要表现在哪几个方面?

2. 简述国产塑料挤出机开不快的主要原因。

3. 简述塑料挤出机的发展方向。

学习任务二　塑料挤出机的基本操作

学习目标

1. 掌握塑料挤出机的操作要点及注意事项
2. 了解塑料挤出机的操作规程
3. 了解塑料挤出机的维护保养
4. 掌握螺杆挤出机磨损的主要原因及解决方法
5. 了解塑料挤出机的常见故障及排除方法
6. 了解塑料挤出机辅助装置的种类
7. 了解塑料挤出机辅助装置的作用
8. 了解塑料挤出机开箱验收的事项次序
9. 了解塑料挤出机牢固安装的次序

建议学时

16 学时

工作情景描述

塑料挤出机是一种常见的塑料机械设备,操作者应了解塑料挤出机型号、操作规程、操作要点、使用注意事项及日常维护保养等基本知识。

塑料挤出机在日常生产过程中,出现各种故障在所难免,为了不影响正常生产,及时发现常见的故障并分析探讨找出最好的解决方法就变得非常关键。

在塑料挤出机组中,主机是很重要的组成部分,它的性能好坏对产品的质量和产量都有很大影响。但是要完成挤出成型的全部工艺过程,没有机头和辅机的配合是不可能生产出合格制品的。辅机的作用是将从机头连续挤出并已获得初步形状和尺寸的高温连续体冷却、定型,将其形状尺寸固定下来,达到一定的表面质量,成为符合要求的制品或半成品。

设备开箱验收,是塑料挤出机进厂验收第一步。开箱验收时,会出现零件破损或零件数量与装箱单不符等情况,发现问题并及时与提供单位讨论协商。

工作流程与活动

学习活动 1　塑料挤出机的基本操作(6 学时)

学习活动 2　塑料挤出机故障分析与解决方法(6 学时)

学习活动 3　塑料挤出机的辅助装置(3 学时)

学习活动 4　塑料挤出机的验收与安装(1 学时)

学习活动1 塑料挤出机的基本操作

【学习目标】

1. 掌握塑料挤出机的操作要点及注意事项

2. 了解塑料挤出机的操作规程

3. 了解塑料挤出机的维护保养

【学习过程】

一、塑料挤出机的定义

塑料的挤出成型从原料到产品经历三个阶段：一是原料塑化，即通过挤出机的加热和混炼，使固态原料变成均匀的黏性流体。二是成型，即在挤出机挤压部件的作用下，使熔融物料以一定的压力和速度连续地通过成型机头。三是冷却定型，通过不同的冷却方法使熔融物料以获得的形状固定下来，成为所需的塑件。如有需要，还可以进行拉伸、涂覆、电晕等处理加工，最后作为半成品堆放或者作为成品卷曲、切割及包装。挤出机及其附属装置就是完成这一全过程的设备。

塑料挤出机设备如图2-1所示。在塑料挤出成型设备中，塑料挤出机通常称之为主机，而当与后续的设备配套后，塑料挤出机则称为辅机。无论何时，塑料挤出成型机械在塑料加工行业都被广泛地使用，并能长期地发展下去。

塑料挤出机也是塑料机械的一种，它基本分为双螺杆挤出机、单螺杆挤出机、较少见的多螺杆挤出机以及无螺杆挤出机。

图 2-1 塑料挤出机

二、塑料挤出机的型号

按挤出机标准 GB/T 12783-91 中规定，机身标牌上的型号标注说明如下：

从左向右,第一格是指塑料机械代号为 S,第二格是指挤出机代号为 J,第三格是指挤出机不同的结构形式代号。三格组合在一起的意义为塑料挤出机为 SJ,塑料排气式挤出机为 SJP,塑料发泡挤出机为 SJF,塑料喂料挤出机为 SJW,塑料鞋用挤出机为 SJE,阶式塑料挤出机为 SJJ,双螺杆塑料挤出机为 SJS,锥形双螺杆塑料挤出机为 SJSF,多螺杆塑料挤出机为 SJD。第四格表示辅机,代号为 F,如果是挤出机组,则代号为 E。第五格是指螺杆直径和长径比。第六格是指产品的设计顺序,按字母 A、B、C 等顺序排列,第一次设计不标注设计号。

例如:SJ-45×25 表示塑料挤出机,螺杆直径为 45mm,螺杆的长径比为 25:1。当螺杆长径比为 20:1 时不进行标注。

三、塑料挤出机的操作规程

塑料挤出生产线中各个类型产品都有其操作特点,对其操作特点有详细的了解后才可以充分发挥机器的效能。挤出机是其中的一种类型,只有把握好挤出机的操作要点,才能正确合理地使用挤出机。

螺杆挤出机的使用包括机器的安装、调整、试车、操作、维护和修理等一系列环节。它的使用具有一般机器的共性,主要表现在驱动电机和减速变速装置方面。但螺杆挤出机的工作系统即挤出系统却又独具特点,在使用螺杆挤出机时应特别注意。

机器的安装、调整和试车一般在挤出机的使用说明书中均有明确规定,这里对挤出机的操作要点、维护与保养简述如下:

操作人员必须熟悉所操作的挤出机的结构特点,尤其要正确掌握螺杆的结构特性,同时也要掌握加热和冷却的控制仪表特性,机头特性及装配情况等,以便正确地控制挤出工艺条件,操作机器。

四、塑料挤出机的操作要点

生产不同塑料制品时,挤出机的操作要点各不相同,但也有一定的相同之处。下面简要介绍挤出各种制品时相同的操作步骤和应注意的挤出机操作要点。

1. 开车前的准备工作

(1)用于挤出成型的塑料原材料应达到所需要的干燥要求,必要时需作进一步干燥,并将原料过筛除去结块团粒和机械杂质。

(2)检查设备中水、电、气各系统是否正常。保证水、气路畅通、不漏,电器系统正常运作,加热系统、温度控制、各种仪表工作可靠。辅机空车低速试运转时,观察设备是否正常运转。启动定型台真空泵,观察工作是否正常。在各种设备滑润部位加油润滑,如发现故障应及时排除。

(3)安装机头及定型套。根据产品的品种和尺寸,选好机头规格,按顺序将机头装好。

2. 开车

(1)恒温后即可开车,开车前应将机头和挤出机的法兰螺栓再拧紧一次,以消除螺栓与机头热膨胀的差异。拧紧机头螺栓的顺序为对角方向,用力要均匀。拧紧机头法兰螺母时,要求四周松紧一致,否则会跑料。

(2)开车时先按"准备开车"钮,再按"开车"钮,然后缓慢旋转螺杆转速调节旋钮,使螺杆慢速启动。接着逐渐加快螺杆转速,同时少量加料。加料时要密切注意主机电流表及各种指示表的变化情况,螺杆扭矩不能超过红标(一般为扭矩表的 65%～75%)。塑料型材被挤出之前,人员不得站在口模的正前方,以防止因螺栓拉断或原料潮湿放泡等原因产生的生产事故。塑料从机头口模挤出后,需将挤出物慢慢冷却并引上牵引装置和定型模,并开动这些装置,然后根据控制仪表的指示值和对挤出制品的要求,将各部分作相应的调整,使整个挤出操作达到正常状态,同时应根据需要加足料。双螺杆挤出机使用计量加料器均匀等速地加料。

(3)当口模出料均匀且塑化良好时可牵引入定型套。判断塑化程度需凭经验,一般可根据挤出物料的外观来判断,如表面有光泽、无杂质、无发泡、焦料和变色,用手将挤出料挤细到一定程度不出现毛刺、裂口,有一定弹性,说明物料塑化良好。若塑化不良可适当调整螺杆转速、机筒和机头温度,直至达到要求。

(4)在挤出生产过程中,应按工艺要求定期检查各种工艺参数是否正常,并填写工艺记录单。按质量检验标准检查型材产品的质量,发现问题及时采取解决措施。

3. 停车

(1)停止加料,将挤出机内的塑料挤光,当露出螺杆时,关闭机筒和机头电源,停止加热。

(2)关闭挤出机及辅机电源,使螺杆和辅机停止运转。

(3)打开机头联接法兰,拆卸机头,清理多孔板及机头的各个部件。清理时,为防止损坏机头内表面,机头内的残余料应用钢律、钢片进行清理,然后用砂纸将粘附在机头内的塑料磨除并打光,再涂上机油或硅油防锈。

(4)清理螺杆、机筒。拆下机头后,重新启动主机,加停车料(或破碎料),清洗螺杆、机筒。此时应使螺杆低速转动以减少磨损,待停车料碾成粉状并完全挤出后,用压缩空气从加料口、排气口反复吹出残留粒料和粉料,直至机筒内确实无残存料后,将螺杆转速降至零,停止挤出机,关闭总电源及冷水总阀门。

(5)挤出机在挤出时应注意电、热、机械的转动和笨重部件的装卸等安全项目。挤出机车间必须备有起吊设备确保装拆机头、螺杆等笨重部件时的生产安全。

五、塑料挤出机首次开机

1. 开机前,先升温四十到五十分钟。待温度上升到可用手自如拉动电机三角带时,按正常工作旋向连续拉动八至十次。后继续升温十分钟左右再进行开机,同时继续加温,为正常生产的需要持续补充热量,并根据不同性质的塑料调节不同温度。

2. 挤出机正常工作时,机温要保持稳定,不能波动过大。放气孔附近到机头部位的温度应保持在 200℃左右(丙料、乙料)。

3. 入料要均匀并加足。机子吃料速度与供料速度要配合适当,否则会影响颗粒的质量和产量。

4. 停机时,应彻底切断主机电源,机头丝堵(带扳手部分)必须摘下,待下一次使用前单独预热。

六、双螺杆塑料挤出机停车后的处理

1. 遇到停车问题不要慌张,只需按下面步骤处理即可。

(1)正常停车。挤出机非故障停机时,可按下列顺序停机。

①关闭料斗出料口闸板。

②将喂料机转速调至零位,按下结束开关按钮。

③封闭真空系统,逐步下降螺杆转速(若需换新料,应尽可能排尽机筒内的余料),待物料基本排空后,再将主机转速调至零位,并按下主电机停止按钮。

④关闭主机柜上的电源开关,并关闭进电总电源开关。

⑤关闭各进水阀门。

⑥清理机台。

(2)紧急停车。双螺杆挤出机组运行中一旦出现紧急情形,应立即按紧急停机按钮(或按局部故障停机按钮)。紧急停机后,应切记将主电机、喂料电机的调速旋钮调至零位,并关停其他辅助体系,待故障处理后,再按正常开车次序重新开车。

2. 双螺杆挤出机的拆车步骤。与单螺杆挤出机相似,若挤出 PVC 或 POM 等热敏料后停车,通常需要使用聚烯烃塑料将机筒内的物料挤完,以避免下次开车前升温时间过长导致物料过热分解,必要时需拆车清理。拆车时应趁热松开机头法兰,并拆下过滤板、滤网,然后启动螺杆运行,挤出机筒中的余料。应趁热拉出螺杆后用铜棒、铜铲迅速清理机头、螺杆及机筒内的残留物料。清理后的机件应及时归位,如需寄存,应涂少许防锈油。螺杆放置时应保持悬挂状态。

七、塑料挤出机使用注意事项

1. 挤出机应正向运转,避免倒转

2. 切忌空料运转,必须热机加料运转,可避免发生粘杠(抱轴)现象

3. 挤出机的进料口、放气孔严禁进入铁器等杂质,避免造成事故,影响生产

4. 安全用电,保证设备地线

5. 机器运转时进料口、出料口、皮带、齿轮等旋转部位禁止用手触摸

6. 机器使用前应先注入润滑油,防止造成机器损坏。

八、为了保护塑料挤出机传动箱的箱体必须做到以下几点

1. 首次运行 500 小时,更换一次润滑油。

2. 挤出机采用牌号为 150 号原装中压齿轮油润滑。

3. 正常运行时油位不低于油标中心线,若低于中心线需立即补充。

4. 首次使用后每运行 3000 小时换油一次。

5. 换油时应清洁箱体和滤油器,清洁时将本次使用的润滑油过滤澄清之后,装入箱体将箱体清洁一次后放出,再装入新的润滑油。

6. 正常使用时,应每月定期清洁润滑油过滤器,磨合期内每周清洁润滑油过滤器。清洁时找到油路过滤器,将其打开并取出其中的脏物即可。

九、双螺杆挤出机的日常维护

1. 使用 500 小时后,减速箱中会出现齿轮磨损的铁屑或其他杂质,应清洗齿轮并同时更换减速箱润滑油。

2. 使用一段时间后应对挤出机进行一次全面检查,确认所有螺钉的松紧情况。

3. 如果生产中突然断电,主传动和加热会停止。当恢复供电时,须将料筒各段重新加热到规定的温度并保温一段时间后才能开动挤出机。

4. 如发现仪表、指针的转向满度,应检查热电偶等边线的接触是否良好。

十、维护保养

螺杆挤出系统采用日常保养和定期保养两种方式进行维护保养。

1. 日常保养是经常性的例行工作,不占用设备运转工时,通常在开车期间完成。重点是清洁机器,润滑各运动件,紧固易松动的螺纹件,及时检查、调整电动机、控制仪表、各工作零部件及管路等。

2. 定期保养一般在挤出机连续运转 2500～5000 小时后停机进行。需要解体机器检查、测量和鉴定主要零部件的磨损情况,更换已达规定磨损限度的零件,修理损坏的零件。

3. 不允许空车运转,以免螺杆和机筒轧毛。

4. 挤出机运转时若发生不正常的声响,应立即停车,进行检查或修理。

5. 严防金属或其他杂物落入料斗中损坏螺杆和机筒。为防止铁质杂物进入机筒,可在物料进入机筒加料口处安装吸磁部件或磁力架。为防止杂物落入必须将物料事先过筛。

6. 注意生产环境的清洁,勿使垃圾杂质混入物料堵塞过滤板,影响制品产量、质量同时增加机头阻力。

7. 当挤出机需较长时间停止使用时,应在螺杆、机筒、机头等工作表面涂上防锈润滑

脂。小型螺杆应悬挂于空中或置于专用木箱内,并用木块垫平,避免螺杆变形或碰伤。

8. 定期校正温度控制仪表,检查其调节的正确性和控制的灵敏性。

9. 挤出机的减速箱保养与一般标准减速器相同。主要检查齿轮、轴承等的磨损和失效情况。减速箱应使用机器说明书中指定的润滑油,并按规定的油面高度加入油液。油液过少会造成润滑不足,降低零件使用寿命,但油液过多,会使机器发热大、耗能多,润滑油也较易变质,同样会使润滑失效,造成损害零件的后果。减速箱漏油部位应及时更换密封垫,以确保润滑油量。

10. 挤出机附属的冷却水管的内壁易结水垢,外部易腐蚀生锈,保养时应做认真检查。水垢过多会堵塞管路,达不到冷却作用,而锈蚀严重会造成漏水,因此保养中必须采取除垢和防腐降温措施。

11. 驱动螺杆转动的直流电动机应重点检查电刷磨损及接触情况,对电动机的绝缘电阻值是否超过规定值也应经常测量,此外还要检查连接线及其他部件是否生锈,并采用保护措施。

12. 指定专人负责设备维护保养,并将每次维护修理情况详细记录列入工厂设备管理档案。

【巩固习题】

1. 简述塑料挤出机使用注意事项。

2. 双螺杆塑料挤出机紧急停车后如何处理?

3. 为了保护塑料挤出机传动箱的箱体要做到哪几点?

学习活动 2　塑料挤出机故障分析与解决方法

【学习目标】

1. 掌握螺杆挤出机磨损的主要原因及解决方法

2. 了解塑料挤出机的常见故障及排除方法

【学习过程】

一、螺杆挤出机磨损的主要原因和解决方法

1. 螺杆挤出机磨损的主要原因

螺杆挤出机螺杆和机筒的正常磨损主要发生在加料区和计量区,主要磨损原因是切片粒子与金属表面的干摩擦,当切片升温软化后磨损减小。

螺杆与机筒的不正常磨损会在螺杆环结或异物卡死时发生,环结是指螺杆被凝结的物料抱死,若螺杆挤出机缺乏良好的保护装置,强大的驱动力有可能扭断螺杆。卡死会产生巨大的超常阻力,造成螺杆表面的严重损伤和机筒的严重划伤。其中机筒的划伤是很难修复的。机筒设计原则上保证其使用寿命比螺杆长,对于机筒的正常磨损,一般不再修复。通常采用修复螺杆螺纹的方法,恢复机筒内孔与螺杆外径配合的径向间隙。

2. 螺杆磨损的解决方法

螺杆螺纹的局部损伤采用堆焊特种抗磨抗蚀合金的方法修复。一般采用惰性气体保护焊和等离子氩弧焊,也可以采用金属喷涂技术进行修复。首先将磨损的螺杆外圆表面磨削,深度约为 1.5mm,然后堆焊合金层到足够尺寸,在保证充足的加工余量后磨削螺杆外圆及螺纹侧面至螺杆外形尺寸为原始尺寸为止。

3. 螺杆入口处环节堵料

该故障主要是由于冷却水断流或流量不足所致,需检查冷却系统,调整冷却水流量和压力到规定的要求。

4. 结论

(1) 挤出机的自然寿命较长,其使用寿命主要取决于机筒的磨损情况和减速箱的磨损情况。设计、选材和制造精良的挤出机及减速装置,直接关系到使用性能。虽然设备投资增加,但使用寿命延长,从整体经济效益考虑,还是比较合理的。

(2) 螺杆挤出机正常使用可充分发挥机器的效能,保持良好的工作状态。需保证精心保养,延长机器的使用寿命。

(3) 螺杆挤压机的主要故障是非正常磨损、异物卡死、环节堵料、传动部件磨损或损坏、

润滑不良以及漏油等。为了避免故障发生,应规范管理干燥、混料和加料的操作以及工艺温度的设定,严格按照《设备点巡检基准》要求进行日常的维护、保养和检修。

二、塑料挤出机螺杆、机筒的损坏原因

螺杆和机筒这两个组合零件的工作质量,对物料的塑化、制品的质量和生产效率,都有重要影响。它们的工作质量与两个零件的制造精度和装配间隙有关。当两零件磨损严重,挤出机产量下降时,就应该对螺杆、机筒进行维修。

塑料机械中螺杆和机筒的损坏原因有以下几种:

1. 螺杆在机筒内转动时物料与两者摩擦使得螺杆与机筒的工作表面逐渐磨损,螺杆直径逐渐缩小而机筒的内孔直径则逐渐加大。这样螺杆与机筒的配合直径间隙会随着两者的磨损逐渐加大。但由于机筒前面机头和分流板间的阻力没有改变,因此增加了被挤出物料前进时的漏流量,即物料从直径间隙处向进料方向的流动量增加了,使挤出机生产量下降。该现象又使物料在机筒内停留时间增加,造成物料分解,如聚乙烯,其分解产生的氯化氢气体又增加了对螺杆和机筒的腐蚀。

2. 破碎机产生的物料中如有碳酸钙和玻璃纤维等填充料,就会加快螺杆和机筒的磨损。

3. 由于物料未塑化均匀,或有金属异物混入料中,会使螺杆转动扭矩突然增加。若扭矩超过挤出机螺杆的强度极限,则会发生螺杆扭断的事故。这是一种非常规事故损坏。

三、塑料挤出机组故障分析与处理方法

塑料挤出机是一种常见的塑料机械设备,在挤出机日常操作过程中,会出现各类故障,影响机械正常生产。表 2-1 是对挤出机故障进行分析。

表 2-1 塑料挤出机故障产生原因及处理方法

故障名称	产生原因	处理方法
异常噪音	1. 如发生在减速机内,可能由轴承损坏或润滑不良引起,或是齿轮磨损、安装调整不当或啮合不良引起的。 2. 若噪音为尖锐刮研声,可能是由于机筒位置偏斜,造成轴头与传动轴套刮研。 3. 若机筒发出噪声,可能是螺杆弯曲扫膛或设定温度过低造成固体颗粒过度摩擦。	1. 更换轴承、改善润滑、更换齿轮或调整齿轮啮合状况。 2. 调整机筒位置。 3. 校直螺杆或提高设定温度。
异常振动	1. 若发生于减速机处,可能由轴承与齿轮的磨损引起。 2. 若发生在机筒处,则可能因为物料中混入硬质异物。	1. 更换轴承或齿轮。 2. 检查物料清洁情况。

续表 2-2

故障名称	产生原因	处理方法
主机电流不稳	1. 喂料不均匀。 2. 主电机轴承损坏或润滑不良。 3. 某段加热器失灵,不加热。 4. 螺杆调整垫安装问题或相位不对,元件干涉。	1. 检查喂料机,排除故障。 2. 检修主电机,必要时更换轴承。 3. 检查各加热器是否正常工作,必要时更换加热器。 4. 检查调整垫,拉出螺杆检查螺杆有无干涉现象。
主电机无法启动	1. 开车程序有错。 2. 主电机线程有问题,熔断丝被烧坏。 3. 与主电机相关的连锁装置作用。	1. 检查程序,按正确开车顺序重新开车。 2. 检查主电机电路。 3. 检查润滑油泵是否启动,检查与主电机相关的连锁装置的状态。油泵不开,电机无法打开。 4. 变频器感应电未放完,关闭总电源等待5分钟以后再启动。 5. 检查紧急按钮是否复位。
机头出料不畅或堵塞	1. 加热器某段不工作,物料塑化不良。 2. 操作温度设定偏低,或塑料的分子量分布宽、不稳定。 3. 可能有不容易熔化的异物。	1. 检查加热器,必要时更换。 2. 核实各段设定温度,必要时与工艺员协商,提高温度设定值。 3. 清理检查挤压系统及机头。
主电启动电流过高	1. 加热时间不足,扭矩过大。 2. 某段加热器不工作。	1. 开车时应用手盘车,如不轻松,则延长加热时间。 2. 检查各段加热器是否正常工作。
主电机异常声音	1. 主电机轴承损坏。 2. 主电机可控硅整流线路中某一可控硅损坏。	1. 更换主电机轴承。 2. 检查可控硅整流电路,必要时更换可控硅元件。

四、塑料挤出机的常见故障及排除方法（表2-2）

表 2-2　塑料挤出机的常见故障及排除方法

系统名称	现象	原　因	处理方法
温控系统	主机某区段温度过高	1. 冷却系统故障（水冷）。 1.1 电磁阀未工作。 1.2 截止阀关闭。 1.3 冷却水管路堵塞。 2. 冷却系统故障（风冷）。 2.1 风机未工作。 2.2 风机转向不对。 2.3 小型空气开关未动作。 3. 温控表或 PLC 调节失灵。 4. 固态继电器或双向晶闸管损坏。 5. 螺杆组合剪切过强。 6. 筒体水道结垢堵塞。	1.1 检查电磁阀接线，检查电磁阀或更换。 1.2 打开截止阀，调节至合适流量位置。 1.3 疏通冷却水管路。 2.1 检查风机接线，检查风机或更换。 2.2 调整风机接线。 2.3 小型空气开关复位。 3.1 适当调整温控表或 PLC 调节参数，再观察。 3.2 检查温控表或 PLC，更换温控表或 PLC 模块。 4. 更换固态继电器或双向晶闸管。 5. 调整螺杆组合。 6.1 在冷却水中加适量稀酸清洗水道。 6.2 使用软水/蒸馏水做内循环冷却水。
	主机某区段温度过低	1. 温控表或 PLC 调节失灵。 2. 加热器功率偏小。 3. 冷却系统故障（水冷）。 3.1 冷却水温度偏低。 3.2 冷却水有杂质，电磁阀阀芯被卡住。 3.3 截止阀开度过大。	1.1 适当调整温控表或 PLC 调节参数。 2. 更换较大功率加热器。 3.1 待冷却水温升高后再观察。 3.2 清理电磁阀阀芯，更换干净冷却水。 3.3 检查截止阀，并调节开度。
主机系统	自动停车	1. 冷却风机停。 2. 润滑油泵停。 3. 润滑油压过高或过低。 4. 熔体压力超限。 5. 调速器故障（缺相、欠压、过流、过载、过热等）。 6. 其他与主机系统连锁的辅机故障。 7. 有异物掉入。	1. 查明停止原因，处理解决后重新启动。 2. 清理或更换滤油器。 3.1 检查熔体压力报警设定值是否合适。 3.2 更换机头过滤网。 3.3 检查机头温度是否过低。 3.4 检查机头模孔是否堵塞。 4. 对照调速器使用说明书处理解决，对过载、过流现象进行检查。 4.1 检查主机螺杆是否进入硬质异物。 4.2 检查主机温度设定是否过低。 4.3 检查喂料量、加料颗粒是否过大。 4.4 检查螺杆、传动箱齿轮轴承是否损坏。 5. 查明故障原因，处理解决后重新启动。 6. 查明故障原因，处理解决后重新启动。

续表 2-2

系统名称	现象	原　　因	处理方法
喂料系统	自动停车	1. 主电机停。 2. 调速器故障。 3. 机械故障。	1. 检查处理主机系统部分。 2. 对照调速器使用说明书处理解决。 3. 喂料机中是否有异物,喂料颗粒是否过大,喂料机形式是否与物料匹配。
润滑系统	油泵未工作	1. 未启动。 2. 过载。 3. 机械故障。	1. 查明泵停原因,处理解决后重新启动。 2. 请机械、电气人员检查处理。
润滑系统	油压报警	1. 油路断油。 2. 滤油器脏堵。 3. 油压设定过低。 4. 润滑油黏度过高。 5. 油泵反转。	1. 请机械人员检查处理。 2. 清理或更换滤油器。 3. 重新设定油压。 4. 更换低黏度牌号润滑油。 5. 请机械、电气人员检查。
冷却水系统	水泵未工作	1. 未启动。 2. 过载。 3. 机械故障。	1. 查明泵停原因,处理解决后重新启动。
冷却水系统	冷却水未通	1. 水泵未工作。 2. 电磁阀未打开。 3. 截止阀未打开。 4. 水箱水量不足。 5. 水泵进水口堵塞。 6. 水泵异常。 7. 水泵反转。	1. 参照上节进行。 2.1 检查电气线路。 2.2 检查电磁阀或更换。 3. 检查截止阀或更换。 4. 加水至规定水位。 5. 清理出水口。 6. 请机械、电气人员检查。 7. 请机械、电气人员检查。
真空系统	真空泵未工作	1. 未启动。 2. 过载。 3. 机械故障。 4. 真空泵反转。	1. 查明泵停原因,处理解决后重新启动。 2. 请机械、电气人员检查。 3. 请机械、电气人员检查。 4. 请机械、电气人员检查。
真空系统	真空表无指示	1. 真空泵未工作。 2. 冷凝罐真空管路阀门未打开。 3. 真空系统有泄漏。 4. 真空泵进水阀门未开或开度过大过小。 5. 真空泵排放口堵塞。 6. 真空排气室密封圈。	1. 参照上节进行。 2. 打开阀门。 3. 请机械人员检查处理。 4. 开启并调节真空泵进水阀门。 5. 清理排放口,使其畅通。 6. 请机械人员检查。

五、塑料制品在挤出过程中存在异常情况的原因及解决方法

塑料挤出机在制品挤出过程中,出现各种异常情况在所难免,及时发现异常情况并找出解决方法在生产中就变得非常关键。在此对一些常见的异常情况进行分析并对较好的解决方法进行探讨(表2-3)。

表 2-3　塑料制品在挤出过程中存在异常情况的原因及解决方法

异常情况	产生原因	推荐解决方法
表面暗淡无光	1. 原料水分问题。 2. 熔体温度不合适。 3. 挤出的熔融物料不均匀。 4. 定径套过短。 5. 口模成型段过短。	1. 原料预处理。 2. 调整温度。 3. 增加背压,用较细的过滤网,设计适宜的螺杆结构。 4. 加长定径套。 5. 加长口模成型段。
表面斑点	1. 原料中有水分。 2. 水槽中的管子上有气泡。	1. 干燥原料。 2. 消除气泡。调整工艺温度。
外表面呈现光亮透明的块状(俗称眼睛)	1. 机头温度过高。 2. 冷却水不足或不均匀。	1. 降低机头温度。 2. 增加冷却水或清理定径套。
内表面粗糙	1. 原料潮湿。 2. 芯模温度低。 3. 口模与芯模间隙过大。 4. 口模定型段太短。	1. 原料烘干,或预处理。 2. 提高温度或延长保温时间。 3. 换芯模。 4. 换定型段较长的口模。
管内壁波纹状	1. 挤出机产量变化,下料不稳。 2. 牵引打滑。 3. 管材冷却不均。	1. 降低螺杆喂料区温度。 2. 调节牵引气压。 3. 调节水路。
管内壁有凹坑	1. 原料水分大。 2. 填充料分散性差未塑化,含杂质。	1. 原料预热干燥。 2. 换料,调节温度,清洁原料。
气管内壁有焦粒	1.机头与口模内壁不干净。 2. 局部温度过高。 3. 口模积料严重。	1. 进行清模。 2. 检查热电偶是否正常。 3. 清模,适当降低口模温度。
外径或壁厚随时变化	1. 挤出速度变化。 2. 牵引速度发生变化或打滑。 3. 下料不稳(回料粒径不均)。 4. 熔体的不稳定性。 5. 冷却不均。	1. 检查牵引机。 2. 适当提高压力。 3. 原料过筛或造粒。 4. 提高料温,降低线速度,增加模口间隙。 5. 清理水路。

续表 2-3

异常情况	产生原因	推荐解决方法
管材壁厚不均	1. 口模没对中。 2. 口模温度不均。 3. 牵引机、定径套、口模没对中。 4. 定径套与口模距离太远。	1. 调节口模同心。 2. 调节温度。 3. 保持在同一轴线上。 4. 拉近距离。
熔接缝不良	1. 口模成型段太短。 2. 熔融温度低。 3. 模头中塑料分散。 4. 机头机结构不合理。	1. 使用较长的口模成型段。 2. 提高料温。 3. 清理模头。 4. 更换或改造。
管材过早损坏穿孔	1. 产生水泡。 2. 产生气泡。 3. 含有杂质。 4. 颜料或填充料分散不良。	1. 干燥原料。 2. 除湿或降低温度。 3. 清洁原料或用过滤网。 4. 调节温度或更换原料。
管材过早损坏脆性破坏	1. 料温低。 2. 温度过高,原料分解。	1. 提高料温。 2. 清理模具,降低温度。
管材开裂	1. 机头温度低,挤出速度快。 2. 冷却水太大。	1. 升温,降速。 2. 减小冷却水流量。
管材圆度不好 弯曲	1. 口模,芯模中心位置不正。 2. 机头温度四周不均。 3. 冷却水离口模太近。 4. 冷却水喷淋力度过大。 5. 冷却水喷淋太小。 6. 水位过高。 7. 牵引机压力过大。	1. 调整同心。 2. 调节温度。 3. 调整冷却水位置。 4. 调节喷头角度。 5. 清理水路。 6. 排水。 7. 调节气压。

【巩固习题】

1. 螺杆挤出机螺杆和机筒的正常磨损主要发生在 _____ 和 _____ ,主要磨损原因是切片粒子与金属表面干摩擦时引起的,当切片升温软化后磨损减小。

2. 简述螺杆磨损的解决方法。

3. 塑料挤出机主机某区段温度过高,请分析原因,如何解决?

4. 塑料挤出机主机系统自动停车,请分析各种引起原因,并阐述如何解决。

学习活动 3　塑料挤出机的辅助装置

【学习目标】

1. 了解塑料挤出机辅助装置的种类

2. 了解塑料挤出机辅助装置的作用

【学习过程】

在塑料挤出机组中,主机是很重要的组成部分,它的性能好坏对产品的质量和产量都有很大影响。但是要完成挤出成型的全部工艺过程,生产出合格制品,没有机头和辅机的配合是不可能的。

辅机的作用是将从机头连续挤出并已获得初步形状和尺寸的高温连续体冷却、定型,将其形状尺寸固定下来,达到一定的表面质量,成为符合要求的制品或半成品。

辅机的性能对产品的质量和产量影响也很大。塑料经过辅机时要经历物态变化、分子取向以及形状和尺寸的变化。这些变化是在辅机提供的定型度、速度、力和各种物理作用条件下完成的。定型不佳、冷却不均匀、牵引速度不稳定都会影响制品的质量和产量。

塑料从料斗进入机筒中,由螺杆的转动将其向前输送。塑料在向前移动的过程中,受到料筒的加热、螺杆的剪切和压缩作用使塑料由粉状或粒状固态逐渐熔融塑化为枯流态,这一阶段叫塑化。塑化后的熔料在压力作用下,通过多孔板和一定形状的口模,成为截面与口模形状相仿的高温连续体,这就是成型阶段。然后对已成型的连续体进行冷却定型,使其成为具有一定张度、刚度、几何形状和尺寸精度的玻璃态等截面制品,再按要求将其成卷(软制品)或按一定尺寸切断(硬制品)便可得到所需制品。

一般说来,塑料挤出机的辅助装置通常有三类。

1. 挤出前物料处理装置。这种辅助装置(如预热、干燥装置等)多用于吸湿性塑料,如尼龙、聚丙烯酸酯、醋酸纤维素等。可以使用烘箱、真空、远红外线或经过热空气对塑料进行干燥后再送入料筒。

2. 挤出后处理制品的装置。该类装置主要包括冷却定型、牵引、卷取、切割以及检查等设备。

3. 生产条件控制装置。这类装置有温度控制器、电动机启动装置、电流表、螺杆转速表、螺杆压力和机头压力测定装置等。这些辅助装置随挤出制品的种类、对制品质量的要求和自动化程度的不同而有一定的差异,且每一种设备形式也各有不同。随着计算机技术的出现和迅速发展,一些新型挤出机已采用计算机控制,因此所配置的某些辅助装置(如温度控制系统中的仪表和其他控制仪等)可以省略,由计算机接受全部读数,并对这些读数进行控制。可以预见,随着计算机和挤出机的进一步发展,大量挤出成型设备将会使用计算机控制全部加工参数,达到挤出成型的全自动化控制。

塑料挤出机组的辅机主要包括放线装置、校直装置、预热装置、冷却装置、牵引装置、计米器、火花试验机和收线装置。根据挤出机组的用途不同其选配用的辅助设备也不相同,如切断器、吹干器、印字装置等。

一、校直装置

塑料挤出废品类型中最常见的一种是偏心,而线芯各种型式的弯曲则是产生绝缘偏心的重要原因之一。在护套挤出中,护套表面的刮伤也往往是由缆芯的弯曲造成的。因此在各种挤塑机组中,校直装置是必不可少的。校直装置的主要型式有:滚筒式(分为水平式和垂直式)、滑轮式(分为单滑轮和滑轮组)、绞轮式(兼起拖动、校直、稳定张力等多种作用)、压轮式(分为水平式和垂直式)等。

二、预热装置

缆芯预热对于绝缘挤出和护套挤出都是必要的。对于绝缘层,尤其是薄层绝缘,由于不能允许气孔的存在,线芯在挤包前需要通过高温预热可以彻底清除表面的水分和油污。对于护套挤出,其主要作用在于烘干缆芯,防止由于潮气(或绕包垫层的湿气)使护套中出现气孔。预热还可防止挤出中塑料因骤冷而残留内应力。在挤塑过程中,预热可消除冷线进入高温机头,在模口处与塑胶接触时形成的悬殊温差,避免因塑胶温度的波动导致挤出压力的波动,从而稳定挤出量,保证挤出质量。挤塑机组中均采用电加热方式的线芯预热装置,其要求有足够的容量并保证升温迅速,使线芯预热和缆芯烘干保持较高的效率。预热温度受放线速度的制约,一般与机头温度相仿。

三、冷却装置

成型的塑料挤包层在离开机头后,应立即进行冷却定型,否则会在重力的作用下发生变形。冷却的方式通常采用水冷,并根据水温不同,分为急冷和缓冷。急冷就是冷水直接冷却,急冷对塑料挤包层定型有利,但对结晶高聚物而言,因骤热冷却,易在挤包层组织内部残留内应力,导致使用过程中产生龟裂。一般 PVC 塑胶层采用急冷方式冷却。缓冷则是为了减少制品的内应力,在冷却水槽中分段放置不同温度的水,使制品逐渐降温定型。PE、PP的挤出就采用缓冷进行冷却,即经过热水、温水、冷水三段冷却。

四、牵引装置

其作用是均匀地牵引制品,使挤出过程稳定。牵引速度的快慢能在一定程度上控制制品的截面尺寸。

五、切割装置

其作用是将连续挤出制品切成一定的长度或宽度。

六、卷取装置

其作用是将软制品(薄膜、软管等)卷绕成卷。

【巩固习题】

1. 塑料挤出机的辅助装置主要有 _____、_____、_____、_____、_____ 和卷取装置等。

2. 校直装置的主要型式有：_____、_____、_____和_____等。

3. 简述塑料挤出机辅助装置的作用。

学习活动 4　塑料挤出机的验收与安装

【学习目标】

1. 了解塑料挤出机的开箱验收事项的次序

2. 了解塑料挤出机牢固安装的次序

【学习过程】

配置开箱验收,是塑料挤出机进厂验收第一步。开箱验收时,可能会发现零件破损现象和零件数量与装箱单不符的情况,发现问题应及时与提供单位讨论会商。

一、塑料挤出机开箱验收事项次序

1. 开箱前查看塑料挤出机包装箱是否有破坏,发现包装箱破坏时,要照相存案。

2. 打扫箱体上尘土、泥土及污物。

3. 打开上盖,检查是否有零件破损,核实配置名称、规格型号与订购条约是否符合,没有问题时再拆箱体侧板。找出装箱单、合格证及配置说明书。

4. 按装箱单和配置说明书清点配置及隶属零部件,同时要清点登记。

5. 查看配置表面有无生锈和失漆部位。

6. 用汽油洗濯配置、隶属零件和机筒及螺杆,洗濯后涂一层润滑油存放,准备试车。

二、塑料挤出机牢固安装的次序

1. 按配置说明书要求挖出基坑,同时挖出电线用管、上下水管及压缩氛围管用沟。

2. 按塑料挤出机地脚螺栓孔尺寸距离,牢固脚孔木模。地脚孔木模应为梯形或上小下大的圆锥形。

3. 在电工下好输线管后,安放上下水管和其他管线。

4. 第一次基坑浇灌,留出地脚孔。基坑上盖上草袋,24 小时后一天浇两次水养护。水泥基坑养生期间,环境温度应高于 5℃。

5. 水泥基坑养护七天后,拆除地脚孔模板,吊运塑料挤出机按地脚孔位放置水平,找到高度、水平的大致中间线位置。

6. 地脚孔内放好配置紧固用螺栓,螺栓应穿过配置连接孔,并拧好螺母。注意留出螺纹调解量长度。

7. 浇灌地脚孔,牢固螺栓,养护期应多于十天。

8. 用一对斜铁(斜度 1/10～1/20)和一块平钢板作为一组,平板在下,该对斜铁斜向相反组合在平板上,垫在地脚螺栓孔两侧,用斜铁找水平和调整中心高度。同时应保证塑料挤出机的中间线与塑料挤出机生产线的中间线重合。

9. 预紧地脚螺栓,对角预紧各螺母,拧紧力要统一。

10. 校正配置水平、中间高和中间线,紧固各地螺栓,连接水、气管路和接通电气线路。

塑料挤出机安装调整后,由生产车间构造工人打扫塑料挤出机生产线的环境卫生,并对塑料挤出机各配置做好洗濯。工艺技术人员要认真阅读配置说明书,了解说明书中的要求,制订试车生产塑料制品的工艺、试车的操作步调、用料的筹划、试车配件以及试车时间等。构造操作工应认真学习配置操作规程,深入了解配置的布局及各零部件的作用,熟记各按钮、开关的用法。

【巩固习题】

1. 简述塑料挤出机的开箱验收事项次序。

2. 简述塑料挤出机的牢固安置次序。

学习任务三 典型 SJ65/30 单螺杆的加工

学习目标

1. 了解 SJ65/30 单螺杆塑料挤出机的适用范围及制品种类

2. 掌握 SJ65/30 单螺杆的螺杆的结构特点

3. 了解 SJ65/30 单螺杆塑料挤出机的主要参数

4. 能独立阅读生产任务单,明确工时、加工数量等要求

5. 能识读图样,明确加工技术要求

6. 能根据图样,正确选择加工刀具,能查阅切削手册正确选择切削用量

7. 能识读工艺卡,明确加工工艺

8. 能正确选择粗、精基准,预留相应的加工余量

9. 能查阅相关资料,确定符合加工技术要求的工、量、夹具及加工机床

10. 掌握普通三段型单螺杆、分流型单螺杆、屏障型单螺杆和分离型单螺杆的基本知识

11. 了解单螺杆挤出机的发展趋势

12. 了解氮化处理的基本原理及操作指南

13. 掌握螺杆、机筒氮化处理的具体技术要求

建议学时

54 学时

工作情景描述

SJ65/30 单螺杆塑料挤出机适用于 PP、PE、ABS 等材料的加工,配备相应的辅机(包括成型机头)可适应不同规格塑料制品的生产和加工,如膜、管、棒、丝、板、片、带、电缆绝缘层及中空制品等,亦可用于造粒。两阶式整体设计强化了塑化功能,为高速高性能挤出提供保证。特种屏障和 BM 型综合混炼设计,保证了物料的混炼效果。同时高剪切低熔融的塑化温度保证了物料的高性能挤出。

明确 SJ65/30 单螺杆与机筒的加工内容及加工工艺的制定,掌握普通三段型单螺杆、分流型单螺杆、屏障型单螺杆和分离型单螺杆的基本知识。

近年来,随着人们对挤出技术的认识不断提高,特种单螺杆挤出加工技术有替代多螺杆技术的趋势。单螺杆挤出机从最初的基本纯螺旋结构,发展出各种不同结构,如阻尼螺块、排气挤出、开槽螺筒、销钉机筒、积木式结构等,因而令单螺杆挤出机的成型范围更大,适应领域更广。单螺杆挤出机正向着超大型、超微型、大长径比、高产出、良好排气性等方向发展,而适应特殊加工需要的螺杆机筒结构,则成为研发的重点。

 工作流程与活动

学习活动1　典型 SJ65/30 单螺杆塑料挤出机简介(4 学时)

学习活动2　明确 SJ65/30 单螺杆的加工内容(8 学时)

学习活动3　制定 SJ65/30 单螺杆的加工工艺(8 学时)

学习活动4　明确 SJ65/30 机筒的加工内容(8 学时)

学习活动5　制定 SJ65/30 机筒的加工工艺(8 学时)

学习活动6　单螺杆汇总(12 学时)

学习活动7　单螺杆挤出机的发展趋势(2 学时)

学习活动8　螺杆、机筒氮化处理(4 学时)

学习活动 1　典型 SJ65/30 单螺杆 塑料挤出机简介

【学习目标】

1. 了解 SJ65/30 单螺杆塑料挤出机的适用范围及制品种类

2. 掌握 SJ65/30 单螺杆的螺杆结构特点

3. 了解 SJ65/30 单螺杆塑料挤出机的主要参数

【学习过程】

一、可加工材料

SJ65/30 单螺杆塑料挤出机适用于 PP、PE、ABS 等材料的加工。

二、生产制品种类

配备相应的辅机(包括成型机头)可适用于不同规格塑料制品的生产和加工,如膜、管、棒、丝、板、片、带、电缆绝缘层及中空制品等,亦可用于造粒。

三、挤出机特点

生产流程简单、产量高、挤出压力稳定、成本低、塑化好、能耗低、采用渐开线齿轮传动、噪音低、运转平稳、承载力大、寿命长等。

图 3-1　SJ65/30 单螺杆塑料挤出机

四、单螺杆结构特点

两阶式整体设计,强化了塑化功能,保证高速高性能地挤出。特种屏障、BM型综合混炼设计,保证了物料的混炼效果。高剪切、低熔融的塑化温度保证了物料的高性能挤出。

五、挤出机主要参数(表 3-1)

表 3-1　挤出机主要参数

型号	SJ65/30 单螺杆挤出机
产品用途	PVC,PE,PP,PS,ABS 等
种类	管材挤出机
最大挤出直径(mm)	63
螺杆直径(mm)	65
螺杆长径比 L/D	30∶1
螺杆、机筒	采用 38 CrMoAlA,并调质及氮化处理(内表面渗氮研磨 HV720),屏障形两级混炼 PE 专用螺杆
主电机功率(kW)	37
主电机调速	采用 37kW ABB 变频器调速
机筒加热	采用不锈钢外壳,铸铝加热器,带风机冷却
机筒加热功率(kW)	3kW×5 区
减速箱	硬齿面减速箱
产量(kg/h)	80～120
外形尺寸(mm)	3400×1400×1500

【巩固习题】

1. SJ65/30 单螺杆塑料挤出机适用于_____、_____、ABS 等材料的加工。

2. SJ65/30 单螺杆塑料挤出机配备相应的辅机(包括成型机头)可适用于不同规格塑料制品的生产和加工,如膜、管、棒、丝、板、片、带、电缆绝缘层及中空制品等,亦可用于_____。

3. 简述 SJ65/30 单螺杆的螺杆结构特点。

【拓展知识】

一、单螺杆塑料挤出机的原理

单螺杆一般在有效长度上分为三段,按螺杆直径大小、螺距、螺深分别确定三段的有效长度,一般按各占三分之一划分。

1. 从进料口最后一道螺纹开始为加料段,物料在此处不能塑化,但要预热、受压挤实。

先前的挤出理论认为物料在此处为松散体,后证明实际上物料在此处为固体塞,即物料受挤压后成为像塞子一样的固体,因此该段的功能为完成输送。

2. 第二段为压缩段,此时螺槽体积逐渐由大变小,并且达到物料塑化温度。从输送段到此处产生的螺杆压缩比约为 3∶1,不同的机器压缩比稍有变化,完成塑化的物料随后进入第三段。

3. 第三段为均化段,此处物料保持塑化温度,计量泵准确、定量地输送熔体物料供给机头。此时温度应保证高于塑化温度。

应当指出,这三段是互相连贯的,如加料段输送固体时,若有一个挤出螺杆不能有效地将颗粒料往机头方向输送,就无法加工制品。同样的,在压缩段如果不能迅速地进行固液相转变,就会在制品中将留下大量的"生料",无法提高制品的物理机械性能。均化段也非常重要,如果出料量出现波动,就无法生产优质产品。所以应对上述三段一视同仁,不应只强调某一段。需要将固体输送理论,熔融理论及均化理论连贯起来,让每一螺杆的功能得以提高,使加料段起到固体料强制输送的作用,从而达到既进料,又压实的目的。而压缩段除了提供外热以外,还通过剪切摩擦尽可能迅速破坏粘流相所包围的残余固料。在均化段则进一步破碎和塑化尚未熔融的小颗粒,最终达到完全塑化的目的。

二、单螺杆塑料挤出机的特点

1. 使用硬齿面齿轮箱,能够交流或直流无级传动调速。

2. 采用新型螺杆结构,使熔融混合均匀,确保低融温高产量。

3. 螺杆机筒材料采用氮化钢 38CrMoAlA,表面合金处理硬度更大。

4. 使用铸铜、铸铝加热器,并可根据要求采用风冷或水冷。

5. 使用先进的电器控制系统。

三、单螺杆塑料挤出机的主要用途

1. 适用于 PP-R 管、PE 燃气管、PEX 交联管,铝塑复合管,ABS 管、PVC 管、HDPE 硅芯管及各种共挤复合管的管材挤出。

2. 适用于 PVC、PET、PS、PP、PC 等板材及片材的挤出,其他各种塑料丝、棒的挤出等。

3. 调节挤出机转速及改变挤出螺杆的结构可用于生产 PVC、聚烯烃类等各类塑料异型材,并且适用于各种塑料的共混、改性、增强造粒。

学习活动 2　明确 SJ65/30 单螺杆的加工内容

【学习目标】

1. 能独立阅读生产任务单,明确工时、加工数量等要求
2. 能识读图样,明确加工技术要求
3. 能根据图样,正确选择加工刀具,能查阅切削手册正确选择切削用量
4. 能根据现场条件,查阅相关资料,确定符合加工技术要求的工、夹、量具

【学习过程】

一、阅读 SJ65/30 单螺杆生产任务单(表 3-2)

请仔细阅读并了解 SJ65/30 单螺杆的生产任务单。

表 3-2　生产任务单

需求方单位名称			完成日期	年　月　日
序号	产品名称	材料	数量	技术标准、质量要求
1	SJ65/30 单螺杆	38CrMoAlA	1	按图样要求
2				
3				
4				
生产批准时间	年　月　日	批准人		
通知任务时间	年　月　日	发单人		
接单时间	年　月　日	接单人	生产班组	铣工组

【巩固习题】

1.本生产任务需要加工零件的名称：＿＿＿＿＿＿＿；材料：＿＿＿＿＿＿＿；加工数量：＿＿＿＿＿＿＿。

2.对 SJ65/30 单螺杆(图 3-2)的材料有哪些要求？

图 3-2　单螺杆

二、分析 SJ65/30 单螺杆零件图(图 3-3)

请仔细了解 SJ65/30 单螺杆零件图后完成习题。

【巩固习题】

1.写出零件图中下列几何公差的具体含义。

| ◎ | φ 0.02 | A |

2.零件图中哪些尺寸有公差要求？请列举。

| ≡ | 0.03 | A |

3.螺杆氮化处理的技术要求。

4.螺杆的长径比是＿＿＿＿＿＿,螺杆的压缩比是＿＿＿＿＿＿。

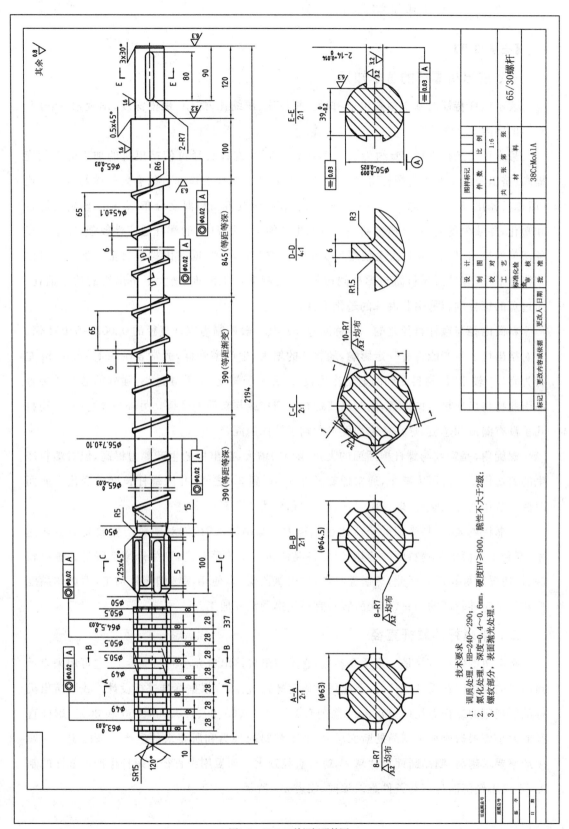

图3-3 SJ65/30单螺杆零件图

【拓展知识】

一、挤出机螺杆的基本知识

表示螺杆特征的基本参数包括：直径、长径比、压缩比、螺距、螺槽深度、螺旋角、螺杆和料筒的间隙等。

最常见的螺杆直径(D)约为 $45\sim150$mm。增大螺杆直径可使挤出机的加工能力相应提高，挤出机的生产率与螺杆直径 D 的平方呈正比。螺杆工作部分的有效长度与直径之比（简称长径比，L/D）通常为 $18\sim25$。较大的 L/D 能改善物料温度分布，有利于塑料的混合和塑化，并减少漏流和逆流，提高挤出机的生产能力。L/D 大的螺杆适应性较强，能用于多种塑料的挤出，但 L/D 过大会使塑料受热时间增长而降解，同时因螺杆自重增加导致自由端挠曲下垂，容易引起料筒与螺杆间擦伤，并使制造加工困难，增大了挤出机的功率消耗。而过短的螺杆则容易引起混炼的塑化不良。

料筒内径与螺杆直径差的一半称间隙(δ)，其一般控制为螺杆直径的 $0.002\sim0.004$ 倍。它对挤出机的生产能力有一定影响，随着 δ 的增大，生产率降低，通常 δ 在 $0.1\sim0.6$mm 左右为宜。δ 较小时，物料受到的剪切作用较大，有利于塑化，但若 δ 过小，强烈的剪切作用容易引起物料出现热机械降解，同时易使螺杆被抱住或与料筒壁摩擦。另外当 δ 过小时，物料几乎没有漏流和逆流，这在一定程度上影响了熔体的混合。

螺旋角 ϕ 是螺纹与螺杆横断面的夹角，随 ϕ 的增大，挤出机的生产能力提高，但对塑料产生的剪切作用和挤压力减小，通常螺旋角介于 $10°$ 到 $30°$ 之间，并沿螺杆长度的变化方向而改变。常用的等距螺杆，取螺距等于直径，ϕ 值约为 $17°41'$。

压缩比越大，塑料受到的挤压比也就越大。螺槽较浅时，能对塑料产生较高的剪切速率，有利于料筒壁和物料间的传热，但物料混合和塑化效率越高，则生产率会降低。螺槽较深时，情况刚好相反。因此，热敏性材料（如聚氯乙烯）宜使用深螺槽螺杆加工，而熔体黏度低和热稳定性较高的塑料（如聚酰胺），宜用浅螺槽螺杆加工。

二、单螺杆的螺杆直径

挤出机的螺杆直径是一个重要参数，它是挤出机挤出量大小的一个参考，它可用来表示挤出机的规格。在设计螺杆时，不能任意确定螺杆直径，应根据标准进行设计。我国挤出机标准所规定的螺杆直径（单位：mm）系列有 20、30、45、65、90、120、200、250 和 300。螺杆直径的大小应根据所加工制品的断面尺寸、加工塑料的种类和所要求的生产率来确定。一般生产率要求越高，制品断面尺寸越大，螺杆直径越大。如果用大直径的螺杆生产小截面的制品，不仅不经济而且工艺条件难以掌握，如表 3-3 所示。

表 3-3　螺杆直径与挤出制品尺寸之间的关系　　　　（单位:mm）

螺杆直径	$\phi30$	$\phi45$	$\phi65$	$\phi90$	$\phi120$	$\phi150$	$\phi200$
硬管直径	3～30	10～45	20～65	30～120	50～180	80～300	120～400
吹膜直径	50～300	100～500	400～900	700～1200	～2000	～3000	～4000
挤板宽度	——	——	400～800	700～1200	1000～1400	1200～2500	——

三、单螺杆的长径比

　　螺杆的长径比为螺杆长度 L 与螺杆直径 D 之比。挤出机螺杆长径比是螺杆的另一个重要参数,当其他条件一定时,增大长径比即增加了螺杆长度,从而使物料在螺杆中停留的时间增长,保证了物料有充分的熔融时间,使塑化更充分更均匀,有利于提高制品质量。另外,增大长径比,D 也相应增加,可减少压力流和漏流,提高了挤出机的生产能力。但是对于热敏性塑料,过大的长径比容易造成塑料在料筒中停留时间过长而产生热分解的问题,同时长径比增大后使螺杆和料筒的加工制造和安装变得困难,容易因螺杆的自身弯曲而使料筒和螺杆的间隙不均匀,甚至可能刮磨料筒,影响挤出机的使用寿命。因此,长径比的选取应根据加工塑料的性能、产品的质量和生产率来确定,切不可盲目加大长径比,如表 3-4 所示。另外当长径比增大后,若提高螺杆转速,转矩必然加大,对于小直径螺杆,因其加料段的螺纹根径较小,有可能出现强度不够的问题,所以螺杆直径较大的挤出机往往采用较小的长径比。

　　单螺杆长径比系列常用值有 20、22、24、25、26、27、28、30、32、34、35、36、40、42 等。目前国内螺杆的长径比多为 20、25、28、30,而国外已出现长径比达 60 的螺杆。

表 3-4　常用塑料要求螺杆的长径比

塑料名称	长径比	塑料名称	长径比
RPVC	16～22	ABS	20～24
SPVC	12～18	PS	16～22
PE	22～25	PA	16～22
PP	22～25	/	/

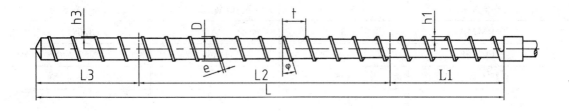

四、单螺杆的压缩比

螺杆进料端第一个螺距的容积与出料端最后一个螺距的容积之比,称为螺杆压缩比。压缩比计算公式如式 3-1 所示:

$$I = \frac{(S_1 - e)(D - h_1)h_1}{(S_2 - e)(D - h_2)h_2}$$ (式 3-1)

式中:S_1——螺杆进料端第一个螺距(mm)

S_2——螺杆出料端最后一个螺距(mm)

h_1——螺杆进料端螺槽深度(mm)

h_2——螺杆出料端螺槽深度(mm)

D——螺杆直径(mm)

e——螺纹顶峰宽度(mm)

螺杆压缩比可以用以下几种方法得到:

1. 螺距变化,螺槽深度不变。

2. 螺槽深度化,螺距不变。

3. 螺距和螺槽深度都变化。

电线电缆厂多采用等距不等深螺杆,其压缩比计算公式为 $I = h_1/h_2$。压缩比的大小对产品的质量有很大的影响,压缩比大,胶料紧密度高,表面光滑,但压缩比太大则胶料对螺杆的反作用也大,螺杆容易被折断。挤橡机的螺杆压缩比一般控制在 1.3∶1 到 1.6∶1 之间。常见塑料适用几何压缩比如表 3-5 所示。

表 3-5 常见塑料适用的几何压缩比

塑料名称	压缩比	塑料名称	压缩比
RPVC(粒)	2.5(2～3)	ABS	1.8(1.6～2.5)
RPVC(粉)	3～4(2～5)	POM	4(2.8～4)
SPVC(粒)	3.2～3.5	PC	2.5～3
SPVC(粉)	3～5	聚苯撑氧(片)	2.8～3.0
PE	3～4	PPO	2(2～3.5)
PS	2～2.5(2～4)	聚砜(膜)	3.7～4
纤维素塑料	1.7～2.0	聚砜(管、型材)	3.3～3.6
PMMA	3	PA6	3.5
PCTFE	2.5～3.3	PA66	3.7
聚氟乙烯 PVF	3.6	PA11	2.8(2.5～4.7)
PP	3.7(2.5～4)	PA	3
聚酚氧	2.5～4	/	/

另一种为分离型螺杆,其在螺杆的中段增加一条附加螺纹。螺杆共分三段:加料段、熔融段和计量段。有附加螺纹的中段为熔融段,螺杆进料处到附加螺纹的起点部分为加料段,而螺杆头部到附加螺纹的终点的部分为计量段。

五、挤出机螺杆的转速范围

螺杆转速范围是螺杆挤出机主要参数之一,直接影响机器的生产率、挤出物质量、功率消耗及机器结构和设备成本。螺杆挤出机要适应不同的聚合物和纤度的要求,螺杆转速范围应有一定宽度,并且能够无级调节。此外为适应低速启动的要求,也需要平滑的无级调速。一般螺杆挤出机的调速范围选在 1:(3~10)之间。

螺杆的上临界转速线是根据聚合物固体料粒重力等于其离心力时的转速确定的,当超过这一临界值时,固体料粒将在离心力作用下被抛离螺杆表面,造成加料困难的问题。目前螺杆挤出机的转速正向高速发展。

螺杆挤出机的螺杆转速直接影响挤出机的性能,因此在选择转速范围和工作转速时必须综合分析。普通螺杆转速在(40~60)r/min 范围内时,机器的综合性能较好,因而将工作转速选择在 60r/min 较为理想。而销钉混合型螺杆在很宽的转速范围内(20~80)r/min 都有较好的综合性能,所以从产量方面考虑,选取 80r/min 为工作转速较为合理。

六、螺杆的螺纹特性

螺纹的深度与设备的生产能力有直接关系,螺纹深度大,在压力一定的情况下,挤出的物料更多。但此时物料塑化困难,螺杆强度也差。螺杆螺纹深度一般控制为螺杆直径的0.18~0.25 倍。螺纹的推进面应垂直于螺杆的轴线,推进面的相对面应有一定的斜度。相邻螺纹的轴向距离称为螺距,挤出机的螺杆一般为等距不等深双头螺纹螺杆,螺距之间的容积计算如式 3-2 所示:

$$\tan \Phi = L/\pi D$$
$$F = h(\pi D \tan \Phi - e)$$
（式 3-2）

式中:Φ——螺杆推进面的相对面的斜度

　　　L——螺距

　　　D——螺杆直径

　　　e——螺纹顶峰宽度

　　　F——螺距之间的容积

螺纹顶峰宽度一般为 0.07~0.1 倍螺杆直径,小规格挤出机的螺杆可取较大值,而大规格挤出机的螺杆可取较小值。螺纹顶峰宽度不能太小,若太小顶峰处强度太小,但太大将减小螺纹容积,影响产量,并因摩擦生热引起物料焦烧。螺纹的距离一般等于或稍大于螺杆直径。

螺杆的头部有三种形状:平形、半圆形及圆锥形,目前常用的是圆锥形螺杆。

学习活动 3 制定 SJ65/30 单螺杆的加工工艺

【学习目标】

1. 能识读工艺卡,明确加工工艺

2. 能综合考虑零件材料、刀具材料、加工性质、机床特性等因素,查阅切削手册,确定切削三要素中的切削速度、进给量和切削深度,并能运用公式计算转速和进给量

3. 能正确选择粗、精基准,预留相应加工余量

4. 能查阅相关资料,确定符合加工技术要求的工、量、夹具及加工机床

【学习过程】

请阅读表 3-6。

表 3-6 SJ65/30 单螺杆加工工艺

	SJ65/30 单螺杆 螺杆直径×总长:ϕ65×2194 材料:38CrMoAlA		
工艺过程		加工设备	工序加工内容
序号	工序名称		
1.0	下料	锯床 G5132	圆棒料下料ϕ75×2210(外径留余量 10mm,长度留余量 16mm),材料为 38CrMoAlA 优质合金钢,毛坯全长弯曲度小于 4mm,如超过 4mm 则不能使用,防止加工后变形严重而报废
2.0	调质	调质炉/回火炉	按热处理标准工艺进行调质处理,调质硬度 HRC26~30(调质硬度 HB240~280)
3.0	粗车	C6140	车两端面,钻中心孔,保证中心孔的精度、粗糙度,长度留切除中心孔余量,采用双顶尖、跟刀架。粗车各段外圆并留 2.15~3mm 加工余量
4.0	止口车度数	C6140	按图加工至图示尺寸
5.0	扩中心孔	C6140	修平面后按规定选用中心钻扩中心孔
6.0	半精车	C6140	仍采用双顶尖、跟刀架,半精车各外圆,留 1~1.15mm 的加工余量
7.0	划螺纹线	C6140	在车床上用刀尖划出两条相距为各段螺棱宽,螺距为各段相应螺距的螺纹线,以定出螺纹槽的起止点位并标出不同螺纹的起止点
8.0	铣螺杆	螺杆铣	铣螺杆底径留余量 0.3~0.5mm、螺棱宽度、前后角 R 留余量0.15~0.20mm
9.0	铣混炼头	螺杆铣	铣混炼头至图示尺寸
10.0	头部铣凹槽	螺杆铣	铣凹槽至图示尺寸

工艺过程		加工设备	工序加工内容
序号	工序名称		
11.0	粗抛	抛光机	粗抛螺杆底径、前后角 R、螺棱至图示尺寸
12.0	粗校直	压力机	用压力机进行校直,整根螺杆弯曲度保证在 0.2mm 以内
13.0	粗磨	外圆磨床	粗磨外径各档尺寸均按图示上公差放 0.13～0.15mm 余量,保证粗糙度和直线度
14.0	铣双键	普铣	铣双键至图示尺寸
15.0	铣料口		铣料口至图示尺寸
16.0	粗抛头子		抛光做头子,出料段底径和止口接平保证圆滑过渡
17.0	粗抛方料口		抛光做料口,保证圆滑过渡
18.0	炉前检验		按图全检各部尺寸并倒角修毛刺,保证氮化质量达到图纸要求
19.0	非氮化处保护		氮化件必须用汽油认真清洗,去除油渍污垢,擦净吹干,非氮化处涂防氮剂保护
20.0	氮化	渗氮炉	热处理氮化,氮化硬度:HV850～1000;氮化深度:0.45～0.7mm;氮化脆性:二级
21.0	校直		如果弯曲超差则采用气焊火焰在螺杆凸出部位螺棱底径加热校直,点距约 400～500mm 左右,一般取 3 点,温度控制在 600℃左右。
22.0	精磨	外圆磨床	精磨各档外径至图示尺寸,保证直线度在 0.015mm 以内和表面粗糙度 $Ra0.4$
23.0	精抛	抛光机	精抛螺杆底径、前后角 R(400 粒砂带＋绿油抛亮)
24.0	精抛料口头子	抛光机	精抛料口、头子保证圆滑过渡
25.0	修边(抛)		按图纸要求修整螺杆缺口、瑕疵,测量各档尺寸并做好记录
26.0	磨平面		按图纸尺寸要求磨止口平面,确保平面垂直,止口无崩缺
27.0	布轮抛	抛光机	整根上绿油布轮抛光表面粗糙度至图示要求
28.0	刻字		按规定或客户要求在螺杆指定部位打标刻
29.0	总检		作产品全检并填写检验报告单,内螺纹起始牙修毛刺、倒角,局部修正抛光
30.0	包装入库		清洗产品、涂防锈油、薄膜包扎、纸管隔离防护,木箱包装,附相关发货资料,作产品外标识,入库

表头: SJ65/30 单螺杆 螺杆直径×总长:φ65×2194 材料:38CrMoAlA

【知识链接】

细长轴的加工方法

一、概念

细长轴是指工件长度与直径之比大于 25(即 L/D>25)的轴类零件,如车床上的丝杠、光杠等。

由于细长轴的刚性较差,车削加工时受切削力、重力、顶尖顶紧力、切削热和振动等的作用和影响,极易产生弯曲腰鼓形、多角形、糖葫芦形等变形,出现直线度、圆柱度等加工误差,不易达到图样上的形位精度和表面质量等技术要求,使切削加工比较困难,而 L/d 值越大,车削加工越困难。如何解决好上述的问题,便成为加工细长轴的关键问题。提高细长轴的加工精度,就是控制工艺系统的受力及受热变形。因此采用反向进给车削,配合最佳的刀具几何参数、切削用量、拉紧装置和轴套式跟刀架等一系列有效措施,可提高细长轴的刚性,得到良好的几何精度和理想的表面粗糙度,保证达到加工要求。

二、细长轴加工的问题与解决方法

在细长轴的车削加工过程中,除了要解决细长轴的刚性不足而产生的弯曲、振动之外,还应注意细长轴在加工中也易出现锥度、中凹度、竹节形问题等。

1. 热变形大。细长轴车削时热扩散性差、线膨胀大,当工件两端顶紧时易产生弯曲。

2. 刚性差。车削时工件受到切削力、细长工件的自重下垂、高速旋转时受到的离心力等都极易使其产生弯曲变形。

3. 锥度。锥度的产生是由于顶类和主轴中心不同轴或刀具磨损等造成的,可通过调整机床精度,选用较好的刀具材料和采用合理的几何角度进行解决。

4. 中凹度。中凹度指两头大、中间小现象,影响工件直线度。其产生原因是跟刀架外侧支承爪压得太紧,而在离后顶类或车头近处,因材料的刚性大无法顶过,故造成工件两头直径较大。工件中段的刚性相对较弱,支承爪会从外侧顶过来,加大了吃刀深度,造成中间凹陷的情况,可通过调整支承爪的松紧解决。

5. 竹节形。它是工件直径不等或表面等距不平的现象,也是刀架外侧支承爪和工件接触过紧(过松)或顶尖精度差造成的。

进行切削时,由于支承爪接触工件过紧,当跟刀架行进到此处,将工件顶向刀尖,增大了吃刀深度,使工件直径变小。但直径变小后产生了间隙,切削时的径向力又将工件和跟刀架支承爪接触,此时工件的直径又变大了。如此不断重复有规律的变化,使工件形成一段大、一段小的竹节形。可通过选用精度高的活顶尖,并采取不停车跟刀的方法,还可使用宽刀刃来消除竹节形。

在细长轴的切削过程中,要采取不同的方法,使用高速小吃刀量或低速大吃刀量反向切削的方法改善切削系统,同时配合中心架或跟刀架增加工艺系统的刚性,才能更好地完成细长轴的切削。

三、细长轴的加工

车削细长轴的关键技术是防止加工中的弯曲变形,为此必须从夹具、机床辅具、工艺方法、操作技术、刀具和切削用量等方面采取措施。

1. 选择合适的装夹方法

(1)双顶尖装夹法。采用双顶尖装夹,工件定位准确,容易保证同轴度。但用该方法装夹细长轴,刚性较差,细长轴弯曲变形较大,且容易产生振动。因此只适宜于长径比不大、加工余量较小、同轴度要求较高或多台阶轴类零件的加工。

(2)一夹一顶的装夹法。在该装夹方式中,如果顶尖顶得太紧,除可能将细长轴顶弯外,还会阻碍车削时细长轴的受热伸长,导致细长轴受到轴向挤压而产生弯曲变形。另外卡爪夹紧面与顶尖孔可能不同轴,装夹后会产生过定位,也会导致细长轴产生弯曲变形。因此在采用一夹一顶装夹方式时,顶尖应使用弹性活顶尖,使细长轴受热后可以自由伸长,减少其受热弯曲变形。同时可在卡爪与细长轴之间垫入一个开口钢丝圈,以减少卡爪与细长轴的轴向接触长度,消除安装时的过定位,减少弯曲变形。

(3)双刀切削法。采用双刀车削细长轴时需改装车床中溜板,增加后刀架,使用前后两把车刀同时进行车削。切削时,两把车刀径向相对,前车刀正装,后车刀反装。两把车刀车削时产生的径向切削力相互抵消,工件受力变形和振动小,加工精度高,适用于批量生产。

(4)采用跟刀架和中心架。采用一夹一顶的装夹方式车削细长轴时,为了减少径向切削力对细长轴弯曲变形的影响,传统上采用跟刀架和中心架进行配合。这相当于在细长轴上增加了一个支撑,提高了细长轴的刚度,可有效地减少径向切削力对细长轴的影响。

跟刀架为车床的通用部件,它用来在刀具切削点附近支承工件并与刀架溜板一起作纵向移动。跟刀架与工件接触处的支承一般用耐磨的球墨铸铁或青铜制成。支承爪的圆弧应在粗车后与外圆研配,以免擦伤工件使用跟刀架能抵消加工时径向切削分力和工件自重的影响,从而减少切削振动和工件变形,但必须仔细调整,使跟刀架的中心与机床顶针中心保持一致。

(5)采用反向切削法车削细长轴。反向切削法是指在细长轴的车削过程中,车刀由主轴卡盘开始向尾架方向进给。这样在加工过程中产生的轴向切削力使细长轴受拉,消除了轴向切削力引起的弯曲变形。同时采用弹性的尾架顶尖,可以有效地补偿刀具至尾架一段的工件的受压变形和热伸长量,避免工件的压弯变形。

2. 选择合理的刀具角度

为了减小车削细长轴产生的弯曲变形,要求车削时产生的切削力越小越好,而在刀具的几何角度中,前角、主偏角和刃倾角对切削力的影响最大。细长轴车刀必须保证符合切削力小,减少径向分力,切削温度低,刀刃锋利,排屑流畅,刀具寿命长等要求。从车削钢料时可知,当前角 γ_0 增加 10°,径向分力 K_r 可以减少 30%。主偏角 K_r 增大 10°,径向分力 K_r 可以减少 10%以上。而刃倾角 λs 取负值时,径向分力 K_r 也有所减少。

(1)前角(γ_0)。其大小直接着影响切削力、切削温度和切削功率。增大前角,可以使被切削金属层的塑性变形程度减小,切削力明显减小。由于可降低切削力,所以在细长轴车削中,在保证车刀有足够强度前提下,尽量使刀具的前角增大,前角一般取 $\gamma_0 = 150°$。车刀前刀面应磨有断屑槽,屑槽宽 $B = 3.5 \sim 4mm$,配磨 $b_{r1} = 0.1 \sim 0.15mm$,$\gamma_{01} = -25°$的负倒棱,使径向分力减少,出屑流畅,卷屑性能好,切削温度低,减轻和防止细长轴弯曲变形和振动。

(2)主偏角(K_r)。车刀主偏角 K_r 是影响径向力的主要因素,其大小影响着 3 个切削分力的大小和比例关系。随着主偏角的增大,径向切削力明显减小,在不影响刀具强度的情况下应尽量增大主偏角。主偏角 $K_r = 90°$时(装刀时装成 85°~88°),配磨副偏角 $K_r' = 8° \sim 100°$,刀尖圆弧半径 $\gamma_s = 0.15 \sim 0.2mm$,有利于减少径向分力。

(3)刃倾角(λ_s)。刃倾角影响着车削过程中切屑的流向、刀尖的强度及 3 个切削分力的比例关系。随着刃倾角的增大,径向切削力明显减小,但轴向切削力和切向切削力却有所增大。刃倾角在 $-10° \sim +10°$范围内时,可使 3 个切削分力的比例关系比较合理。在车削细长轴时,常采用正刃倾角为 $+3° \sim +10°$,以使切屑流向待加工表面。

(4)后角(a_0)。后角较小 $a_0 = a_{01} = 4° \sim 60°$,起防振作用。

3. 合理地控制切削用量

切削用量的选择是否合理,对切削过程中产生的切削力大小、切削热的多少具有一定的影响,因而在车削细长轴时引起的变形也是不同的。细长轴的粗车和半粗车切削用量的选择原则是尽可能减少径向切削分力,减少切削热。一般在长径比及材料韧性较大时,选用较小的切削用量,即多走刀、小深切,以减少振动,增加刚性。

(1)背吃刀量(a_p)。在工艺系统刚度确定的前提下,随着切削深度的增大,车削时产生的切削力、切削热随之增大,引起细长轴的受力、受热变形也增大。因此在车削细长轴时,应尽量减少背吃刀量。

(2)进给量(f)。进给量增大会使切削厚度增加,切削力增大。但切削力不是按正比增大的,所以细长轴的受力变形系数有所下降。从提高切削效率的角度来看,增大进给量比增大切削深度有利。

(3)切削速度(v)。提高切削速度有利于降低切削力。这是因为随着切削速度的增大,切削温度提高,刀具与工件之间的摩擦力减小,细长轴的受力变形也减小。但切削速度过高容易使细长轴在离心力作用下出现弯曲,破坏切削过程的平稳性,所以切削速度应控制在一定范围。对长径比较大的工件,切削速度要适当降低。

车削细长轴时,切削用量应比普通轴类零件适当减小,可使用硬质合金车刀粗车,切削用量如表3-7所示。

精车时,用硬质合金车刀车削$\phi20\sim\phi40$mm,长$1000\sim1500$mm细长轴时,可选用$f=0.15\sim0.25$mm/r,$a_p=0.2\sim0.5$mm,$v=60\sim100$m/s。

表 3-7　粗车切削用量表

工件直径(mm)	20	25	30	35	40
工件长度(mm)	1000～2000	1000～2500	1000～3000	1000～3500	1000～4000
进给量(mm/r)	0.3～0.5	0.35～0.4	0.4～0.45	0.4	0.4
切削深度 a_p(mm)	1.5～3	1.5～3	2～3	2～3	2.5～3
切削速度 v(mm/s)	40～80	40～80	50～100	50～100	50～100

【拓展知识】

一、挤出机螺杆材料的要求

选用螺杆的材料是以其工作条件为根据的,对螺杆材料的要求如下:

1. 高强度。由于螺杆在工作时受到弯、扭、压的联合作用,特别是在物料"环结"或金属异物等卡死螺杆时,若驱动动力不能立刻使其脱开,螺杆将承受巨大的应力作用。因此一般要求螺杆的强度极限在$(785\sim930)$MN/m^{2}以上。

2. 高耐磨性。为适应物料与螺杆工作表面的摩擦。加料段与其他段摩擦性质不同,加料段为固体干摩擦,而其他段为液体摩擦。因此加料段应提高抗磨粒磨损的能力而压缩段和计量段则应着重提高抗腐蚀磨损的能力。为此通常对螺杆的基体材料进行特殊的表面处理,例如氮化或镀硬铬等。国产螺杆挤出机一般都采用38CrMoAlA钢表面氮化,氮化层深度为$0.4\sim0.7$mm,表面PAI维氏硬度HV760～900(相当洛氏硬度HRC62～67)。有些螺杆采用镀铬工艺,一般镀层厚度为$0.05\sim0.1$mm,表面硬度要求达到HV500～600(HRC50～55)。镀层过薄时,组织疏松,而过厚则容易剥落。由于镀铬螺杆表面层在摩擦和冲击时容易剥落镀层,而剥落区往往成为加速腐蚀的起点,因此该方法在挤出机上采用不多。

3. 高耐热性。螺杆所接触的物料温度在200～300℃之间,而且螺杆与机筒间隙较小,接触长度较长,因此要求螺杆材料能在至少400℃工作温度下机械性能不改变,即保持高强度、高硬度等性能。同时不产生过大变形,即保持尺寸稳定性,并不失去耐蚀能力。

4. 高耐蚀性。要求螺杆材料与物料接触时不发生明显腐蚀。材料的腐蚀一方面加速螺杆磨损,降低使用寿命,另一方面腐蚀的生成物将污染塑料熔体,影响产品质量。

螺杆必须耐热、耐磨、耐磨蚀,因此在加工螺杆时要进行热处理、表面镀铬或渗氮。目前国产挤出机螺杆使用的材料以铬钼铝合金钢最为普遍,镀铬的合金钢和碳结构钢由于价格便宜、取材方便,仍有少数工厂继续应用。

二、单螺杆的质量技术要求

1. 螺杆的制造材料为 38CrMoAlA、40Cr 或 45#钢。

2. 螺杆的毛坯应锻造成型。

3. 螺杆粗加工后应进行调质处理,硬度 HB=260～290。

4. 螺杆精加工后的外圆精度应达到 GB180-79 中 8 级精度要求。

5. 螺杆螺纹部分粗糙度 Ra 值,两面不大于 $1.6\mu m$,槽底和外圆不大于 $0.8\mu m$。

6. 螺纹表面氮化处理,氮化层深 0.3～0.6mm,硬度 HV=700～840。

7. 螺杆脆性不大于 2 级。

三、单螺杆的分段

物料沿螺杆前移时经历温度、压力、黏度等变化,这些变化在螺杆全长范围内是不相同的。根据物料的变化特征可将螺杆分为加(送)料段(图 3-4)、压缩段和均化段。不同物料在螺杆中的挤出过程实际上都经历了固体输送、熔融和均化的过程,这就是通常所说的三段型螺杆,塑料在三段中的挤出过程是不同的。加料段的作用是将料斗供给的料送往压缩段,塑料在移动过程中基本保持固体状态,少部分由于受热而熔化。加料段的长度随塑料种类不同而不同,约从料斗附近起至螺杆总长 75% 为止。

均化段　　　　熔融段　　　　加料段

图 3-4　单螺杆的分段

1. 加料段

由于加料段不一定要产生压缩作用,故其螺槽容积可以保持不变,螺旋角的大小对送料能力影响较大,实际影响挤出机的生产率。通常粉状物料的螺旋角为 30°左右时生产率最高,方块状物料螺旋角宜选择 15°左右,而球形物料宜选择 17°左右。

加料段螺杆的主要参数:螺旋升角 ψ 一般为 17°～20°;螺槽深度 H_1 在确定均化段螺槽深度后由螺杆的几何压缩比 ε 来计算;加料段长度 L_1 由经验公式确定,对非结晶型高聚物为 $L_1=(10\%\sim20\%)L$,对于结晶型高聚物为 $L_1=(60\%\sim65\%)L$。

2. 压缩段

其作用是压实物料,使物料由固体转化为熔融体,并排除物料中的空气。为适应将物料中气体推回至加料段、压实物料和物料熔化时体积减小的特点,本段螺杆应对塑料产生较大的剪切作用和压缩。为此,通常使螺槽的容积逐渐缩减,缩减的程度由塑料的压缩率(制品的比重/塑料的表观比重)决定。压缩比除与塑料的压缩率有关还与塑料的形态有关,粉料比重小,夹带的空气多,需较大的压缩比(可达 4～5),而粒料仅为 2.5～3。

压缩段的长度主要和塑料的熔点等性能有关,熔化温度范围宽的塑料,如聚氯乙烯在 150℃以上开始熔化,其压缩段最长,可达螺杆全长 100%(渐变型),熔化温度范围窄的聚乙烯(低密度聚乙烯 105～120℃,高密度聚乙烯 125～135℃)等,压缩段为螺杆全长的 45%～50%,而熔化温度范围很窄的大多数聚合物如聚酰胺等,其压缩段甚至只有一个螺距的长度。

熔融段螺杆的主要参数有:压缩比 ε,一般指几何压缩比,它是螺杆加料段第一个螺槽容积和均化段最后一个螺槽容积之比(式 3-3)。

$$\varepsilon = (D_s - H_1)H_1/(D_s - H_3) \approx H_1/H_3 \qquad (式\ 3-3)$$

式中:H_1——加料段第一个螺槽的深度;

H_3——均化段最后一个螺槽的深度;

熔融段长度 L_2 由经验公式确定,对非结晶型高聚物 $L_2 = 55\% \sim 65\%L$,对结晶型高聚物 $L_2 = (1 \sim 4)D_s$。

3. 均化段

其作用是将熔融的物料,定容(定量)定压地送入机头使其在口模中成型。均化段的螺槽容积与加料段一样恒定不变。为避免物料因滞留在螺杆头端面死角处,引起分解,螺杆头部常设计成锥形或半圆形。有些螺杆的均化段是一被称为鱼雷头的表面完全平滑的杆体,但也有刻上凹槽或铣刻成花纹。鱼雷头具有搅拌和节制物料、消除流动时脉动(脉冲)现象的作用,并随增大物料的压力,降低料层厚度,改善加热状况,并能进一步提高螺杆塑化效率。本段长度可为螺杆全长 20%～25%。

均化段螺杆的主要参数:螺槽深度 H_3 由经验公式 $H_3 = (0.02 \sim 0.06)D_s$ 确定;长度 L_3 由 $L_3 = (20\% \sim 25\%)L$ 确定。

学习活动 4 明确 SJ65/30 机筒的加工内容

【学习目标】

1. 能独立阅读生产任务单,明确工时、加工数量等要求

2. 能识读图样,明确加工技术要求

3. 能根据图样,正确选择加工刀具,能查阅切削手册正确选择切削用量

4. 能根据现场条件,查阅相关资料,确定符合加工技术要求的工、夹、量具

【学习过程】

一、阅读 SJ65/30 机筒的生产任务单(表 3-8)

请仔细阅读 SJ65/30 的生产任务单。

表 3-8 生产任务单

需求方单位名称			完成日期	年 月 日	
序号	产品名称	材料	数量	技术标准、质量要求	
1	SJ65/30 单螺杆	38CrMoAlA	1	按图样要求	
2					
3					
4					
生产批准时间		年 月 日	批准人		
通知任务时间		年 月 日	发单人		
接单时间		年 月 日	接单人	生产班组	铣工组

【巩固习题】

1. 本生产任务需要加工零件的名称：_____;材料：_____;加工数量：_____。

2. 对 SJ65/30 机筒（图 3-5）的材料有哪些要求？

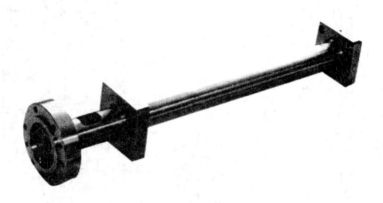

图 3-5　单螺杆机筒

二、分析 SJ65/30 机筒零件图（图 3-6）

请仔细分析 SJ65/30 机筒零件图后完成习题。

【巩固习题】

1. 写出零件图中下列几何公差的具体含义。

◎ | F 0.02 | A

◎ | F 0.02 | A

2. 零件图哪些尺寸有公差要求？请列举。

3. 机筒氮化处理的技术要求。

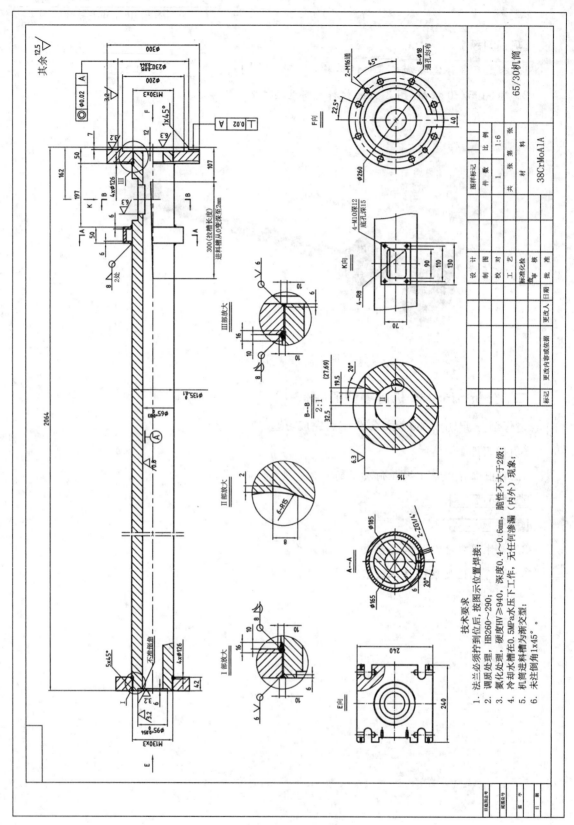

图3-6 SJ65/30 机筒零件图

【拓展知识】

一、塑料挤出机的机筒

挤出机的机筒和螺杆组成了物料塑化和输送的挤压系统。机筒上要开加料口,设置加热冷却系统,并安装机头。因此,机筒是挤压机中仅次于螺杆的重要零部件。

由于机筒与螺杆一样在恶劣的环境下工作,故对材料的要求也较高,一般与螺杆材料相同(但表面硬度要求更高),也有采用一般钢材或铸钢或球墨铸铁制造的。

挤出机机筒的几何形体较简单,但机筒内孔机械加工精度和光洁度要求较高,设计机筒结构时,必须结合机械加工特点予以全面考虑。

机筒的结构型式,按照挤出机的类型、用途和制造条件,可设计成整体式机筒、组合式机筒和双金属机筒等。

一般机筒的长度为其直径的 15～30 倍,其长度以使物料得到充分加热和塑化均匀为原则。机筒应有足够的厚度与刚度,内部光滑,但是有些机筒刻有各种沟槽,以增大与塑料的摩擦力。在机筒外部附有电阻、电感以及其他方式加热的电热器、温度自控装置及冷却系统。机筒与螺杆配合,实现对塑料的粉碎、软化、熔融、塑化、排气和压实,并向成型系统连续均匀输送塑料熔体。

二、机筒的结构形式

1. 整体式机筒

整体式机筒,容易保证较高的制造精度和装配精度,可以简化装配工装,便于加热冷却系统的设置和装拆。而且热传递效果好,热量分布较均匀,但对加工设备和加工技术要求较高,且内表面磨损后不易修复。

加工方法:在整体材料上加工

优点:容易保证较高的制造精度和装配精度,可以简化装配工作,料筒受热均匀,应用较多

缺点:由于料筒长度大,加工要求较高,对加工设备的要求也很严格,料筒内表面磨损后难以修复。

2. 组合机筒

组合式机筒是将机筒分成几段加工,再以法兰或其他形式连接起来。其加工较整体式容易,且便于改变螺杆长径比,多用在实验性挤出机和排气挤出机上,但连接处的热传递均匀性较差,热损失大,增加热量消耗,装配精度要求高,加热冷却系统的设置和维修也不方便。

加工方法:将料筒分几段加工,后以法兰或其他形式将各段连接起来

优点:加工简单,便于改变长径比,多用于需要改变螺杆长径比的情况

缺点:对加工精度要求很高,由于分段多,难以保证各段的同轴度,法兰连接处破坏了料筒加热的均匀性,增加了热量损失,加热冷却系统的设置和维修也较困难

3. 双金属机筒

为了节约贵重材料,大、中型挤出机的机筒常在一般碳素钢或铸钢的基体内部镶一段可更换的合金钢衬套,以便磨损后更换,或是在机筒内离心浇铸一层约 2mm 厚的合金层。该种机筒称为双金属料筒,其使用寿命较长。

加工方法:在一般碳素钢或铸钢的基体内部镶或铸一层合金钢材料,既能满足料筒对材质的要求,又能节省贵重金属材料。

(1)衬套式机筒:机筒内配上可更换的合金钢衬套,节省贵重金属。衬套可更换,提高了机筒的使用寿命,但其设计、制造和装配都较复杂。

(2)浇铸式机筒:在机筒内壁上离心浇铸一层大约 2mm 厚的合金,然后用研磨法得到所需要的料筒内径尺寸。合金层与料筒的基体结合较好,且沿机筒轴向长度上结合较均匀,既无剥落的倾向,又不会开裂,还有极好的滑动性能,耐磨性高,使用寿命长。

4. IKV 机筒

(1)机筒加料段内壁开设纵向沟槽

由固体输送理论可知,为了提高固体输送率,一种方法就是增加机筒表面的摩擦系数,还有一种方法就是增加加料口处物料通过垂直于螺杆轴线横截面的面积。在机筒加料段内壁开设纵向沟槽和将加料段靠近加料口处的一段机筒内壁做成锥形就是这两种方法的具体应用。

(2)强制冷却加料段机筒

还有一种方法可提高固体输送量,就是冷却加料段机筒。其目的是使被输送物料的温度保持在软化点或熔点以下,避免熔膜出现,以保证物料的固体摩擦性质。

采用上述方法后,输送效率由 0.3 提高到 0.6,而且挤出量对机头压力变化的敏感性较小。

大部分单螺杆挤出机采用整体式机筒,科研试验用小型挤出机采用组合式机筒,便于改变机筒长度和局部结构以适应不同长径比螺杆和特殊功能螺杆研究和试验的需要。排气式和机筒上装设特殊混合及捏合装置的挤出机必须使用组合式构造的机筒,因其结构合理,便于制造和装配。特大型挤出机的机筒很长,为保证内孔精度和光洁度,使用相应长度的深孔加工机床非常不经济,因而通常采用能够分段制造的组合式机筒。

生产中为提高加料段的固体输送效率,以充分发挥各种新型螺杆的工作效能,常采用加大机筒表面摩擦系数、物料通过面积及对加料段强力冷却的方法。

三、机筒的质量技术要求

1. 机筒应用能够承受巨大挤压力、扭矩并耐磨、抗腐蚀的合金钢材制造。目前,制造机

筒的钢材有:38CrMoAlA、40Cr 和 45#钢。

2.机筒的毛坯应锻造成型。

3.机筒粗加工后应进行调质处理,硬度 HB=260~290。

4.机筒内孔加工精度应符合标准 GB1184 中的 7 级精度,并保证机筒壁厚均匀一致。

5.内孔精加工后要进行氮化处理,氮化层深应在(0.40~0.70)mm 范围内,硬度 HV=950。

6.精加工后的内孔粗糙度 Ra 应不大于 1.6μm。

四、挤出机的机筒加料口

加料口的形状和结构主要根据物料的形状和尺寸来确定,应能保证物料有效地充满螺槽并且连续不断。为了控制物料在加料口处不产生粘连并顺利流动,常在这一部位装设水冷装置,如冷水夹套,保持物料温度在要求以下。

加料口的截面形状应符合形状简单、易于加工,适用于粒状物料的要求。壁面形状成斜面,倾斜角 7°~15°,可单面壁倾斜,也可双面壁倾斜,使喂入粒状物料效果较好。右侧壁垂直地与机筒内孔相交,壁面距中心平面约 1/2 半径,左壁下部倾斜 45°,这种型式对粉、粒和带状物料均有很好的喂入效果,为许多新型挤出机所采用。

料筒加料口:(a)类主要适用于带状料的加入,不宜用于粒料和粉料,(c)和(e)类在简易的挤出机用得较多,(b)、(d)和(f)这三类用得较多(图 3-7)。

其中(b)类的右口壁倾斜角一般为 7°~15°或稍大于此值,有时其左口壁也设置一倾角。(b)和(f)类加料口之左壁设计成垂直面,但向中心线方向偏移 1/4 内径,其中(F)类的右壁下部向中心的倾斜角约 45°。实践证明,(b)和(f)类加料口不论对粉料、粒料和带壮料都能很好适应,因此应用最多。

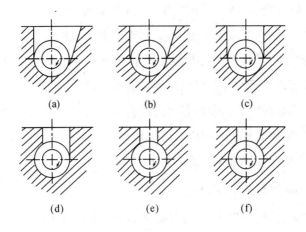

图 3-7 料筒加料口形式

加料口（俯视）的形状多为矩形和长圆形，其长边平行于轴线，长度约 1.3～1.8 倍的螺杆直径。当采用机械搅拌器时多用圆形的加料口，有利于搅拌头靠近加料口。

五、塑料挤出机加料装置的加料方法

塑料挤出机加料装置为挤出机提供物料，一般是由加料斗和上料部分所组成，理想的加料装置应具备以下条件：

1. 供料均匀，不会产生"架桥"现象。

2. 料斗要有一定的容量，上料可以自动进行。

3. 设有计量装置，使料斗内料位保持一定的高度。

4. 带有预热装置，能对物料起到预热干燥作用。

5. 带有抽真空装置，能排除物料中所含的水分和气体。

加料方法有重力加料和强制加料两种：

1. 重力加料。物料靠自重进入挤出机内的方法称为重力加料，最简单的重力加料装置只有一个加料斗，料斗能容纳一小时左右使用的物料。物料是由人工下料的，料斗底部有活门，以便调节进料量和停产时切断料流。为了观察料斗内的物料贮址，侧面装有视镜。料斗上部有盖子，避免灰尘进入和防潮。这种加料装置一般只用于小规格的机台上。

2. 强制加料。强制加料是在料斗中设置搅拌器或螺旋浆叶等装置，使料斗中的物料强制进入挤出机。采用强制加料有利于克服"架桥"现象，并对物料有压填作用，能够保证加料均匀。加料螺旋的转动是由螺杆的传动装置带动的，加料螺旋的转速与螺杆转速相适应，因而加料量可以适应挤出量的变化。这种装置还设有过载保护装置。当加料口堵塞时，螺旋就会上升而不会将塑料硬挤入加料口，避免了加料装置的损坏。

六、单螺杆挤出机开槽机筒的工作原理

为提高单螺杆挤出机的固体物料输送能力，可改变机筒进料段的结构。采用开槽机筒在机筒进料段开出平行轴线的纵向沟槽，使嵌在沟槽中的料粒在螺杆旋转时发生剪切摩擦。除了在原有的机筒壁与物料粒子间发生摩擦之外，还发生附加的粒子间的剪切摩擦，显著地增加了摩擦效果，从而提高了螺杆加料段的输送能力。设计得当的开槽机筒，能使螺杆输出量提高 2.5～3 倍。机筒的开槽部分具有很强的建立压力能力可完全改变了螺杆在机筒内形成的物料压力分布规律。采用开槽机筒的挤出机需要提高驱动功率，但设计优良的带开槽机筒的挤出机单产功耗可保持相当低的水平。

七、挤出机机筒与机头的连接

挤出机机筒与机头的连接形式，除尽量简单、加工方便和装夹可靠外，主要考虑拆装机头的方便，以减少辅助工时，提高劳动生产率。

机筒与机头的连接处设置有分流板和过滤网，其作用是将物料的螺旋运动变为平稳的

直线运动,阻止杂质及未塑化的物料通过并增加料流背压,使制品更为密实,其中分流板还起到支承过滤网的作用,但黏度大的物料可不设滤网。平板状分板结构尺寸参数为:孔眼直径为ϕ2～7mm;孔眼总面积为分流板面积的30%～70%;通常中间孔眼疏,边缘孔眼密,材料采用不锈钢。

学习活动 5　制定 SJ65/30 机筒的加工工艺

【学习目标】

1. 能识读工艺卡,明确加工工艺

2. 能综合考虑零件材料、刀具材料、加工性质、机床特性等因素,查阅切削手册,确定切削三要素中的切削速度、进给量和切削深度,并能运用公式计算转速和进给量

3. 能正确选择粗、精基准,预留相应加工余量

4. 能查阅相关资料,确定符合加工技术要求的工、量、夹具及加工机床

【学习过程】

阅读表 3-9。

表 3-9　SJ65/30 机筒的加工工艺

SJ65/30 机筒			机筒直径×总长:φ135×2064　材料:38CrMoAlA
工艺过程		加工内容	工序加工内容
序号	工序名称		
1.0	下料	锯床 G5132	圆棒料下料φ145×2074(外径放余量 10mm,长度放余量 10mm),材料为 38CrMoAlA
2.0	粗车外径平两端面	C6140	车两端面,车平为准。粗车整跟外径,中间部位允许有少量黑疤存在
3.0	机筒打孔	深孔钻床	钻φ55 通孔,放 10mm 镗孔余量,保证直线度
4.0	调质	调质炉/回火炉	按热处理标准工艺进行调质处理,调质硬度 HRC26～30(调质硬度 HB240～280)
5.0	整体粗车	C6140	车排头档,外径车圆为准,需车平两端面,有小头的车小头外径时放 5mm 余量,长度放 5mm 余量
6.0	车排头	C6140	车排头档,外径见圆为准,需平端面
7.0	镗孔	C6140	镗内孔,留 0.15～0.20 磨量
8.0	拉进料槽		机筒进料槽为渐交型,从 0 变深至 2mm,长度保证 300mm
9.0	珩磨内孔	内孔磨床	内孔精磨至图示中间公差尺寸以内,保证内孔粗糙度
10.0	精车	C6140	以内孔为基准校准同心度,确保跳动值在 0.05mm 以内,精车各档至图示尺寸。(先车夹头,调头后车进料口段,再车出料口段)
11.0	划线	钳工划线	所有钳工孔、料口、水孔、划线后定位做记号
12.0	铣料口	专用机床	按图示位置精铣料口,保证形位公差,单边放修正余量 0.1mm

SJ65/30 机筒		机筒直径×总长:ϕ135×2064 材料:38CrMoAlA	
工艺过程		加工内容	工序加工内容
序号	工序名称		

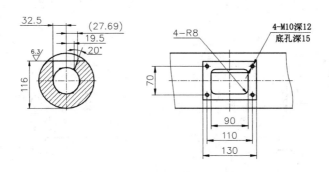

13.0	引孔钻孔	摇臂钻床	按图示位置引孔及钻孔
14.0	炉前检验		按工艺要求进行半成品检验,并记录检测数据,按客户要求在指定位置作好产品标识,两端外螺纹旋好专用保护螺母
15.0	非氮化处保护		氮化件必须用汽油认真清洗,去除油渍污垢,擦净吹干,非氮化处涂防氮剂保护
16.0	氮化	氮化炉	氮化前标刻钢印,不氮化处理炉前用记号笔标注并涂防氮剂。氮化深度:0.45~0.7mm;氮化硬度:HV850~1000;氮化脆性:二级
17.0	精车水套档	C6140	以内孔为基准,精车水套档外径至图示尺寸
18.0	焊接水套	焊接	保证冷却水槽在 0.5MPa 水压下工作,无任何渗透现象
19.0	两端配法兰		出料段配方法兰(另做),进料段配圆法兰(另做)

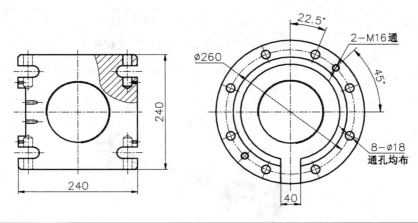

| 20.0 | 焊接法兰 | 焊接 | 法兰必须拧到位后,按图示位置焊接 |

续表 3-9

SJ65/30 机筒		机筒直径×总长：φ135×2064 材料：38CrMoAlA	
工艺过程		加工内容	工序加工内容
序号	工序名称		

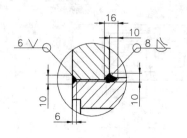 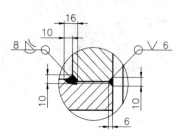

21.0	修料口	抛光机	要求表面修磨光滑，不可修大尺寸及 R 部
22.0	氮化后珩磨内孔	内孔磨床	要求磨到图示中间公差或略偏上不可超差并保证粗糙度 Ra0.4
23.0	精磨料口档	外圆磨床	按图示要求尺寸加工、确保同心度和粗糙度 Ra0.4 符合图纸要求
24.0	磨平面 SBK	专用机床	必须随机测量，用专用检测样板涂色检测，保证垂直度和粗糙度 Ra0.4（涂色检验标准接触面必须达到 75% 以上）
25.0	氮化后内止口抛光	抛光机	精抛内止口，保证止口尺寸及粗糙度 Ra0.4
26.0	直线度检测		总检前机筒内孔须先用芯棒通过进行直线度检测，再用细砂布电钻抛光
27.0	修边（抛）	钳工	机筒法兰孔、电焊疤、外径碰缺等修正，局部去毛刺
28.0	总检		按图作全检，并填写检验报告单，局部修正去毛刺
29.0	包装入库		清洗产品、涂防锈油、薄膜包扎、木箱包装、附相关发货资料，作产品外标识，入库
示意图			

【拓展知识】

一、螺杆与机筒间隙（表 3-10）

表 3-10　螺杆与机筒间隙 δ　　　　　　　　　　　（单位：mm）

螺杆直径	φ30	φ45	φ65	φ90	φ120	φ150	φ200
最小间隙	0.10	0.15	0.20	0.30	0.35	0.40	0.45
最大间隙	0.25	0.30	0.40	0.50	0.55	0.60	0.65

二、单螺杆机筒与螺杆的主要尺寸（表 3-11）

表 3-11　单螺杆机筒与螺杆的主要尺寸

机筒型号	外径×总长 （机筒）	止口（H8）	螺杆型号	外径×总长 （螺杆）	加工原料	配减速箱
30/20	φ70×682		30/20	φ30×723		
50/30	φ115×1603	φ80×6	50/30	φ50×1695	PE	ZLYJ146
60/33	φ130×2089	φ90×6	60/33	φ60×2230	PP	ZLYJ 200
65/30	φ135×2064	φ95×6	65/30	φ65×2170	PE	ZLYJ 173
80/30	φ150×2530	φ110×10	80/30	φ80×2675	PE	ZLYJ 225
100/30	φ170×3147	φ120×10	100/30	φ100×3290	PE	ZLYJ 250

三、机筒加料装置

供料一般大多采用粒料方式，但也可以采用带状料或者粉料方式。装料设备通常为锥形加料斗，其容积要求至少能提供一个小时的用量。料斗底部有截断装置，以便调整和切断料流，料斗的侧面装有视孔和标定计量的装置。有些料斗还带有防止原料从空气中吸收水分的减压装置和加热装置，还有一些料筒自带搅拌器，能为其自动上料或加料。

1. 料斗

料斗一般做成对称形式，侧面开有视窗，以观察料位及上料情况。料斗底部有开合门，可停止和调节加料量。料斗上方有盖子，防止灰尘、湿气及杂质进入。料斗材料最好能够轻便、耐腐蚀和易加工，一般多为铝板和不锈钢板。料斗的容积要视挤出机的规格大小和上料方式而定，通常和挤出机 1～1.5 小时的挤出量相等。

2. 上料

上料方式有人工和自动两种。自动上料主要有弹簧上料、鼓风上料、真空上料、运输带传送上料等形式。一般情况下，小型挤出机使用人工上料而大型挤出机使用自动上料。

3. 加料方式

（1）重力加料

原理：物料依靠自身的重量进入料筒，包括人工上料、弹簧上料、鼓风上料（图 3-8）。

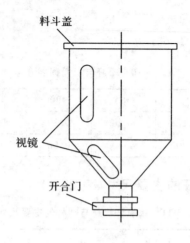

图 3-8　料斗

特点:结构简单,成本低,但容易造成进料不均匀,影响制件的质量,只适用于小规格的挤出机。

(2)强制加料

原理:在料斗中装上能对物料施加外压力的装置,强制物料进入挤出机料筒中。

特点:能克服"架桥"现象,使加料均匀。加料螺旋由挤出机螺杆通过传动链驱动,使其转速与螺杆转速相适应,并能在加料口堵塞时启动过载保护装置,避免加料装置的损坏。

学习活动 6　单螺杆汇总

【学习目标】

1. 掌握普通三段式单螺杆的基本知识
2. 掌握分流型单螺杆的基本知识
3. 掌握屏障型单螺杆的基本知识
4. 掌握分离型单螺杆的基本知识

【学习过程】

单螺杆可分为普通单螺杆和新型单螺杆。目前,国内外研制开发的新型单螺杆已有二百多种,它们都是通过在普通螺杆均化段上增设混炼元件或用其他方法来保证输送能力,提高产品产量和质量并降低能耗、提高效率。

常用的新型单螺杆有:分流型单螺杆、屏障型单螺杆以及分离型单螺杆等。

一、普通三段式单螺杆

所谓普通单螺杆是指出现最早、结构简单、造价较低、应用最广,但塑化、均匀性较差,从加料段到均化段为全螺纹的三段式结构螺杆。由料斗加入的物料靠加料段向前输送,并开始被压实,物料在压缩段(又称转化段)继续被压实、并向熔融状态转变,而最后在均化段(又称计量段)呈粘流态。

挤出机的生产率、塑化质量及动力消耗等主要取决于螺杆的结构和性能。普通全螺纹三段螺杆分为渐变型螺杆和突变型螺杆两大类。渐变型螺杆存在加料段较深螺槽向均化段较浅螺槽的过渡,该过渡在一个较长的螺杆轴向距离内完成,而突变型螺杆的上述过渡则在较短的螺杆轴向距离内完成。

渐变型螺杆大多用于非结晶型塑料的加工,非结晶型塑料的熔融是在一个比较大的温度范围内完成的(如硬质聚氯乙烯的软化温度是75~165℃)。渐变型螺杆能为大多数物料提供较好的热传导,对物料的剪切作用较小,其混炼特性不高并可以控制,适用于热敏性塑料,也可用于一些结晶型塑料。

突变型螺杆由于压缩段较短(一般为3-5D,有的只有1-2D),对物料能产生较大的剪切作用,混炼特性好。故适用于黏度较低、其有突变熔点的结晶型塑料。结晶型塑料在温度升高至其熔点之前没有明显的高弹态,即软化温度较窄(如高压低密度聚乙烯的软化点为83~111℃)。突变型螺杆加工高黏度塑料时易引起局部过热,不宜使用,故不适于聚氯乙烯。

常规的全螺纹三段式螺杆由于其结构简单,制造容易等特点在生产中获得广泛的应用(图 3-9,3-10,3-13)。但随着塑料工业的发展,对生产也提出了更高要求。由于常规螺杆存在着固体输送效率低、熔融效率低且不彻底、塑化混炼不均匀及对一些特殊塑料的加工工艺过程不适应等缺点,使其不能充分满足生产的要求,因此生产中也常用提高螺杆转速和料筒温度、增大长径比、改进加料段结构等方法来改善常规螺杆的工作性能,但效果有限。

常规全螺纹三段螺杆按其螺纹升程和螺槽深度的变化,可分为三种形式。

1. 等距变深螺杆

等距变深螺杆从螺槽深度变化的快慢可分为两种形式。

(1)等距渐变螺杆:从加料段开始至均化段的最后一个螺槽以及在较长的熔融段上,螺槽深度逐渐变浅。

(2)等距突变螺杆:加料段和均化段的螺槽深度不变,熔融段处的螺槽深度突然变浅。

2. 等深变距螺杆

等深变距螺杆是指螺槽深度不变,螺距从加料段第一个螺槽开始至均化段末端从宽渐变窄的螺杆。由于螺槽等深,在加料口位置上的螺杆截面积较大,因此其有足够的强度利于增加转速,可提高生产率。但螺杆加工较困难、熔料倒流量较大、均化作用差,故较少采用。

3. 变深变距螺杆

变深变距螺杆是指螺槽深度和螺纹升角从加料段开始至均化末端均为逐渐变化的螺杆,即螺纹升程从宽逐渐变窄,螺槽深度由深逐渐变浅。该螺杆具有前面两种螺杆的特点,但机械加工较困难,应用较少。

二、分流型单螺杆

分流型单螺杆的结构特点是在螺杆的塑化段或均化段上设置分流元件(如圆柱销钉或菱形块或开分流沟或分流孔)。这些销钉或菱形块呈不规则排列或与螺纹旋向相反排列,将螺槽内的料流分割,改变塑料的流动状态,促进熔融并增强混炼和塑化。安装该螺杆的机型塑化效率高,混合均匀性好,产品质量好,在国内外得到广泛应用。

分流型螺杆的优点:提高产量、改善塑化质量、提高混合分散性、减小熔体的径向温差。

三、分离型单螺杆

分离型单螺杆的特点是在压缩段设置一条称之为副螺纹的附加螺纹,其外径小于主螺纹,将原螺槽成两个螺槽。一条螺槽与加料段螺槽(固体螺槽)相通,另一条螺槽与均化段螺槽(熔体螺槽)相通。由于这条附加螺纹的外径小于原螺杆螺纹外径,螺距也小于原螺杆螺纹的螺距,所以主副螺纹的螺距不相等,附加螺纹的开始与终止必与原螺纹相交。固相螺槽中已熔的物料可越过间隙而进入液相螺槽,但未熔的固体粒子则未能越过间隙,仍留在固相螺槽内,达到固液分离的效果,从而促使未熔固体粒子更快地熔融(图 3-11,3-12)。

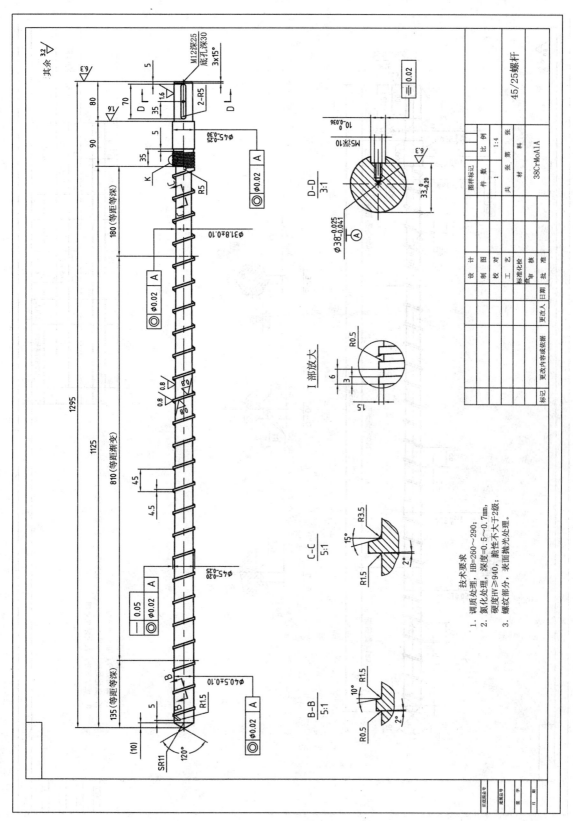

图3-9　45~25螺杆

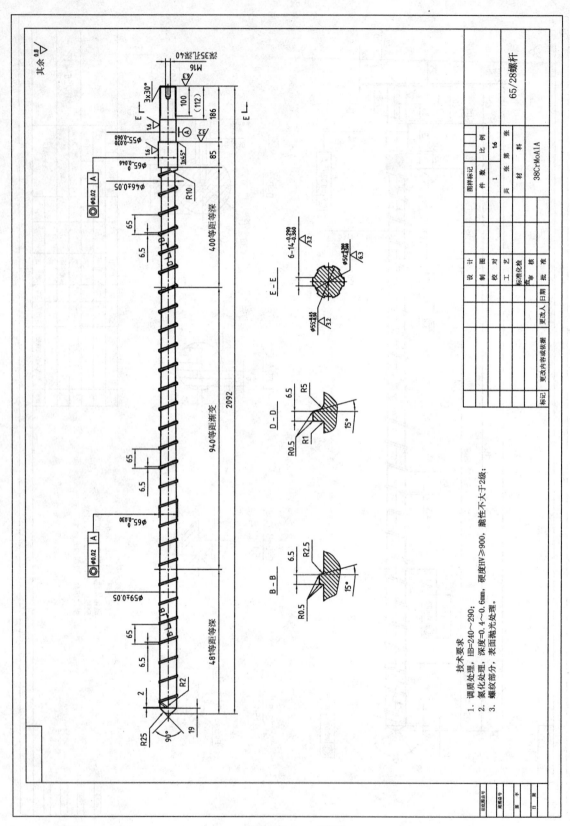

图 3-10　65~28 单螺杆

分离型螺杆的优点:塑化效率高、塑化质量好、熔体压力稳定、温度波动小。

四、屏障型单螺杆

屏障型单螺杆在螺杆的均化段末端设置屏障段,阻止未熔的固相粒子通过,并促使固相熔融,主要用于聚烯烃类物料。在均化段末端与螺杆直径相同的圆柱上,等间隔地开设若干条进料沟槽和出料沟槽,料槽两边与螺杆轴线相交或平行(图3-14,3-15)。

进料槽出口在轴端以及出料槽在进料口端都是封闭的,进口料槽与出口料槽间的棱面直径与机筒内径间隙一大一小等数量分开,大间隙值约在0.38~0.64mm,而小间隙是指螺杆外径与机筒内径间隙。工作时塑料由进料槽流入,只有熔融的塑料进入出料槽,而未熔的固体粒子被屏障挡住。塑料在通过屏障时,由原来的带状流被沟槽分成若干段,并在进入和流出屏障沟槽时产生涡流,加强了熔体的混合。

屏障型螺杆的优点:改善了熔体的塑化质量、提高了塑料混合均匀性、混合效果好,温差减小。

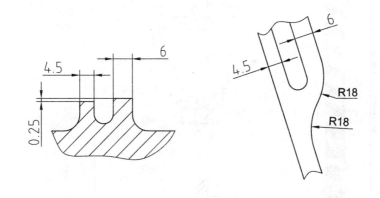

图 3-11　分离型(BM)螺杆结构图

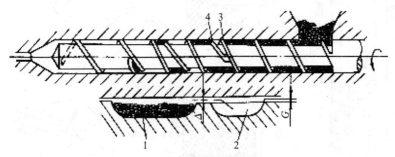

分离螺杆结构示意图

1-固相槽　2-液相槽　3-主螺纹　4-副螺纹

图 3-12　分离型螺杆示意图

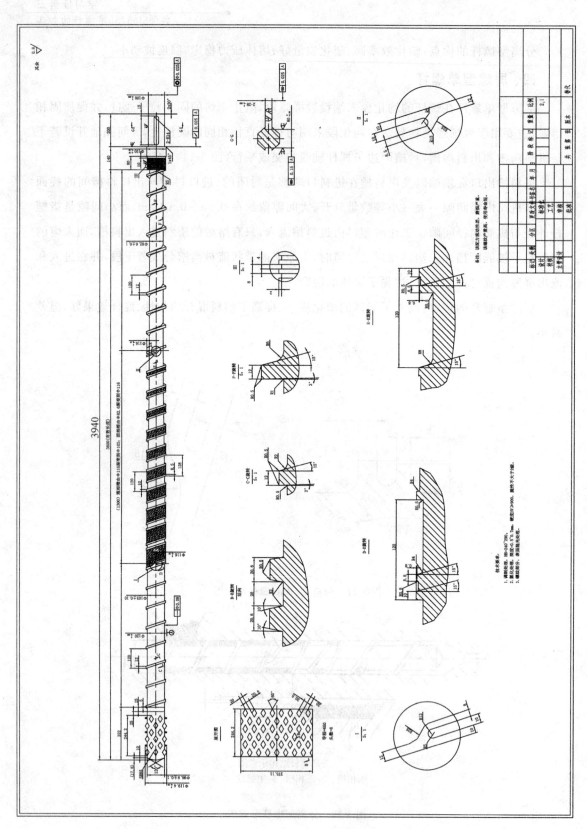

图3-13　120~30单螺杆

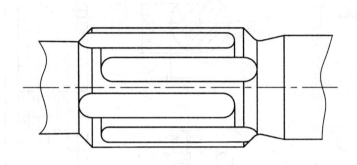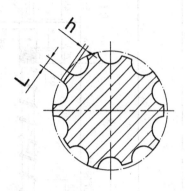

图 3-14　屏障型单螺杆

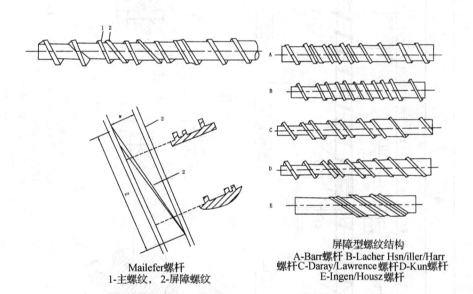

Mailefer螺杆
1-主螺纹，2-屏障螺纹

屏障型螺纹结构
A-Barr螺杆 B-Lacher Hsn/iller/Harr
螺杆C-Daray/Lawrence螺杆D-Kun螺杆
E-Ingen/Housz螺杆

图 3-15　不同类型屏障型螺杆的比较

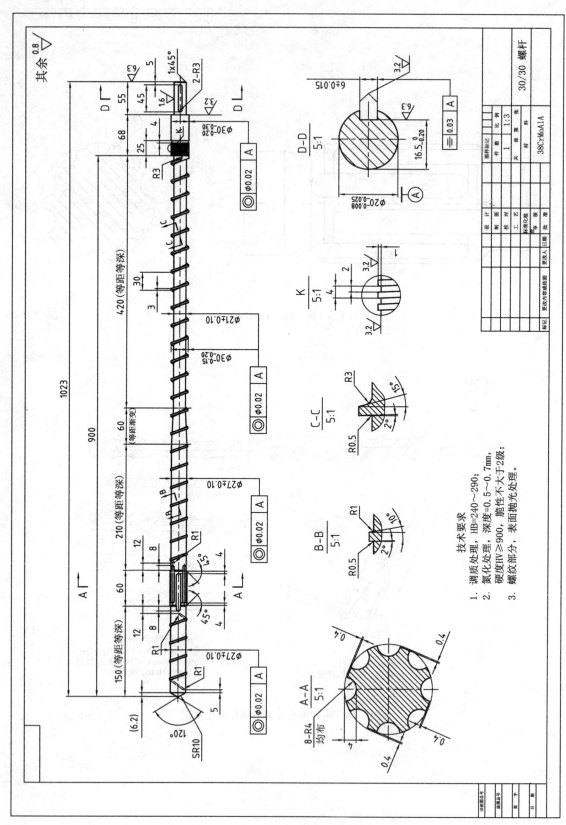

图 3-16　30~30 螺杆

五、变流道型单螺杆

变流道型螺杆的结构特征是螺杆流道截面形状或截面面积大小是变化角,其代表是波形螺杆。由于这种螺杆的压缩、剪切和放松比较频繁,因此不适用于热敏性塑料加工。双波槽螺杆虽然加工制造困难,但塑化、混合质量较好,适用于难加工的塑料,且塑化效率高(图 3-16)。

六、排气式单螺杆

排气式单螺杆的原理为:物料到排气段基本塑化,由于该段螺槽突然加深,压力骤降,气体从熔体中逸出,从排气口排出。其主要适用于含水和易产生挥发组分的物料(图 3-17、图 3-18、图 3-19)。

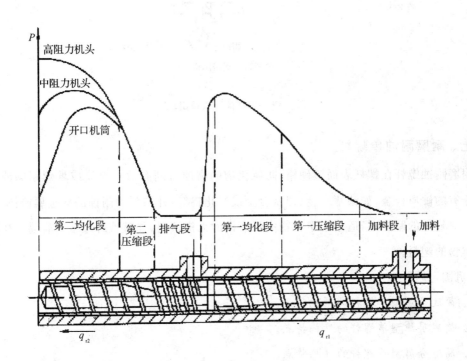

图 3-17　二阶单螺杆排气式基础机构及压力分布

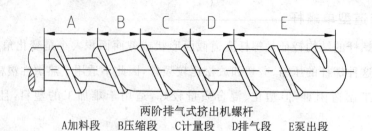

两阶排气式挤出机螺杆

A加料段 B压缩段 C计量段 D排气段 E泵出段

图 3-18 两阶排气式挤出机螺杆

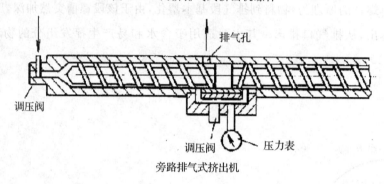

旁路排气式挤出机

图 3-19 旁路排气式挤出机

七、耐磨耐蚀单螺杆

耐磨耐蚀螺杆在螺杆表面镀硬铬(防氯化物的腐蚀特别有效)、喷涂或堆焊耐磨或耐磨耐蚀兼有的硬质合金,如钴塞合金、镍基合金或炭化钨等,并与耐磨耐蚀的双金属筒体匹配,组成一对较好的摩擦副,适用于聚合物中强磨损的无机填料,如玻璃纤维或者容易产生腐蚀性分解物的塑料。

【巩固习题】

1. 简述分流型单螺杆的结构特点。

2. 简述屏障型单螺杆的结构特点。

3. 简述分离型单螺杆的结构特点。

【拓展知识】

一、单螺杆挤出机的主要技术参数

单螺杆挤出机是塑料挤出生产线中的一种机型,单螺杆挤出机的性能特征通常用以下几个主要技术参数表示:

1. 螺杆直径。指螺杆的螺纹外圆直径,用 D 表示,单位 mm。系列标准为 20、30、45、65、90、120、150、165、200、250、300。

2. 螺杆的长径比。指螺杆的螺纹部分长度与螺杆直径的比值,用 L/D 表示。

3. 螺杆的转速范围。指螺杆工作时的最高转数和最低转数值，用 $n_{max} \sim n_{min}$ 表示。

4. 电机功率。指驱动螺杆转动的电动机的功率，用 P 表示，单位 kW。

5. 机筒加热功率。指机筒用电阻加热时的电功率，单位 kW。

6. 机筒加热段数。机筒加热分几段控制，也是温度控制段数。

7. 挤出机生产率。指挤出机每小时生产的塑料制品的质量，用 q 表示，单位 kg/h。

8. 名义比功率。指每小时生产 1kg 塑料制品所需电机功率的综合指标，用 P 表示，即 $P = P/q_{max}$，单位 kW/(kg×h)。

9. 比流量。指螺杆每转动一周时所生产的塑料制品的质量，可体现挤出机的生产效率，用 $q = (q \text{实测})/(n \text{实测})$ 表示，单位(kg/h)/(r/min)。

10. 中心高。指挤出机的机筒内螺杆的中心线距地面的高度，用 h 表示，单位 mm。

二、单螺杆挤出机的基本参数(我国塑料挤出机系列标准)

现将我国塑料挤出机系列标准有关部分列出供参考。单螺杆挤出机的基本参数是标准 ZBG95009.1-88 规定的(表 3-12、表 3-13)。表 3-12 是以挤出聚烯烃为主的单螺杆挤出机基本参数，也可生产挤出成型软聚氯乙烯塑料制品。表 3-13 是以挤出生产成型软、硬聚氯乙烯为主的单螺杆挤出机的基本参数。以挤出生产成型聚丙烯为主的单螺杆挤出机基本参数见表 3-14(标准 JB/T8061—1996)。上海挤出机厂和大连橡胶塑料机械厂生产的部分挤出机基本参数见表 3-15。

表 3-12　单螺杆挤出机基本参数(挤出聚烯烃为主)

螺杆直径 D/mm	长径比 L/D	螺杆最高转数 n_{max} (r/min)	最高产量 qm/(kg/h) LDPEM FR2～7	电动机功率 P/kW	名义比功率 P/[kW/ (kg/h)]	比流量 q/ [(kg/h)/ (r/min)]	机筒加热段数 (推荐)	机筒加热功率 /kW	中心高 h/mm
20	20	120	3.2	1.1	0.34	0.27	3	≤3	1000
	25	160	4.4	1.5	0.34	0.28	3	≤4	500
	30	210	6.5	2.2	0.34	0.03	3	≤5	350
30	20～25	160	16	5.5	0.34	0.1	3	≤5	1000
	28～30	200	22	7.5	0.34	0.11	4		500
									350
45	20～25	130	38	13	0.34	0.29		≤8	1000
	28～30	155	50	17	0.34	0.32		≤10	500
									350
65	20～25	120	90	30	0.33	0.75	4	≤14	1000
	28～30	145	117	40	0.34	0.81	4	≤18	500
90	20～25		150	50	0.33	1.5	4	≤25	1000
	28～30	120	200	60	0.3	1.67	5	≤30	500

螺杆机筒加工技术

续表 3-12

螺杆直径 D/mm	长径比 L/D	螺杆最高转数 nmax (r/min)	最高产量 qm/(kg/h) LDPEM FR2~7	电动机功率 P/kW	名义比功率 P/[kW/(kg/h)]	比流量 q/[(kg/h)/(r/min)]	机筒加热段数（推荐）	机筒加热功率/kW	中心高 h/mm
120	20~25	90	250	75	0.3	2.78	5	≤40	1100
120	28~30	100	320	100	0.31	3.2	6	≤50	600
150	20~25	65	400	125	0.31	6.1	6	≤65	1100
150	28~30	75	500	160	0.32	6.6	7	≤80	600
200	20~25	50	600	200	0.33	12	7	≤120	1100
200	28~30	60	780	250	0.32	13	8	≤140	600

表 3-13 单螺杆挤出机基本参数（挤出聚氯乙烯为主）

螺杆直径 D/mm	长径比 L/D	螺杆转数 ηmin~ηmax/(r/min) UPVC	RPVC	产量 /qm (kg/h) UPVC	RPVC	电动机功率 P/kW	名义比功率 P/[kW/(kg/h)] UPVC	RPVC	比流量 q/[(kg/h)/(r/min)] UPVE	RPVC	机筒加热段数（推荐）	机筒加热功率 P/kW	中心高 h/mm
20	20	20~60	20~120	0.8~2	1~3	0.8	0.4	0.27	0.04	0.03	3	≤3	1000
	25										3	≤4	500
													350
30	20	17~50	17~102	2~5	3~8	2.2	0.44	0.28	0.11	0.09	3	≤4	1000
	25										3	≤5	500
													350
45	20	15~45	15~90	6~15	9~22	5.5	0.37	0.25	0.4	0.3	3	≤6	1000
	25										3	≤8	500
													50
65	20	13~39	12~78	15~37	22~55	5	0.4	0.27	1.15	0.85	3	≤12	1000
	25										3	≤16	500
90	20	11~33	11~66	32~64	40~100	24	0.38	0.25	2.9	1.8	3	≤24	1000
	25										4	≤30	500
120	20	9~27	9~54	65~130	84~190	55	0.42	0.29	7.2	4.7	4	≤40	1100
	25										5	≤45	600
150	20	7~21	7~42	90~180	120~280	75	0.42	0.27	12.8	8.6	5	≤60	1100
	25										6	≤72	600
200	20	5~15	5~30	140~280	180~430	100	0.36	0.24	28	18	6	≤100	1100
	25										7	≤125	600

表3-14 单螺杆挤出基本参数(挤出聚丙烯为主)

螺杆直径 D/mm	长径比 L/D	螺杆最高转数 n_{max}/(r/min)	最高产量 q/(kg/h)	电动机功率 P/kW	名义比功率 p/[kW/(kg/h)]	比流量 q/[(kg/h)/(r/min)]	机筒加热段数	机筒加热功率 P/kW	中心高 h/mm
20	20～25	140	3.6	1.5	0.41	0.26	3	≤3	1000
	28～30	190	5.4	2.2		0.28	3	≤4	
30	20～25	140	13.4	5.5	0.41	0.096	3	≤5	500
	28～30	170	18.4	7.5		0.108	4	≤6	
40	20～25	130	37.5	15	0.4	0.288	3	≤8	350
	28～30	150	46	18.5		0.307	4	≤4	
65	20～25	100	75	30	0.4	0.75	4	≤14	1000
	28～30	125	100	40		0.8	4	≤18	
90	20～25	98	128	50	0.39	1.306	4	≤25	500
	28～30	108	154	60		1.426	5	≤30	
120	20～25	74	192	75	0.39	2.595	5	≤40	1100
	28～30	85	255	100		3	6	≤50	
150	20～25	60	338	132	0.39	5.673	6	≤65	1000
	28～30	70	410	160		5.857	7	≤80	600

表3-15 国内挤出主要生产厂生产的部分挤出机基本参数

型号	螺杆直径 D/mm	长径比 L/D	螺杆转速 (r/min)	产量/(kg/h)	电动机功率/kW	加热功率/kW	加热段数	中心高/mm	生产厂
SJ 30	30	20	11～100	0.7～6.3	1～3	3.3	3	1000	上海挤出机厂
SJ 30×25B	30		15～225	1.5～22	5.5	48	3	1000	
SJ 45B	45	20	10～90	2.5～22.5	5.5	5.8	3	1000	
SJ 65A	65	20	10～90	6.7～60	5～15	12	3	1000	
SJ 65B	65	20	10～90	6.7～60	22	12	3	1000	
SJ 90 (排气式)	90	30	12～120	25～250	6～60	30	6	1000	
SJ 120	120	20	8～48	25～150	18.3～55	37.5	5	1100	
SJ 150	150	25	7～42	50～300	25～75	60	6	1100	
SJ-Z 150 (排气式)	150	27	10～60	60～200	25～75	71.5	6	1100	

续表 3-15

型号	螺杆直径 D/mm	长径比 L/D	螺杆转速 (r/min)	产量/ (kg/h)	电动机功率/kW	加热功率/kW	加热段数	中心高/mm	生产厂
SJ 30×28①	30	28	13~130	15	5~7.5	10			大连橡胶塑料机械厂
SJ 45×25B②	45	25	12~120	30~36	10~15	13.6			
SJ 45×25L③	45	25	9~90	34	10~15	13.6			
			11~110	40					
SJ 45×25C④	45	25	15~150	50	4~24	15.6			
SJ 45⑤	45	20	25~250	70~80	2.4~24	16.3			
SJ 90-A	90	20	12~72	20~90	7.3~22	16	4	1000	
SJ 90×25	90	25	33.3~100	50~100	18.3~55	20	5	1000	
SJZ F120	120	18	10~30	70~150	13.3~40	24	4	1000	
SJ 150-A	150	20	~42		25~75	48	5	1100	
SJ 200-A	200	20	5~15		33.3~100	60	6	1100	

①加工 HDPE、LDPE、LLDPE；②加工 HDPE、LDPE；③加工 HDPE、LDPE、LLDPE；④加工 HDPE、LDPE、LLDPE；
⑤加工 HDPE、LDPE。

三、单螺杆挤出机的产量

各型号单螺杆挤出机的产量如表 3-16 所示。

表 3-16　单螺杆挤出机的产量

型号	电机	减速箱	产量
SJφ50×33	45kW	173	130
SJφ65×33	55kW	200	180
SJφ75×33	75kW	250	260
SJφ90×33	90kW	280	300
SJφ90×33	110kW	315	360

四、单螺杆挤出机的主要尺寸

单螺杆挤出机的主要尺寸如表 3-17 所示。

表 3-17　单螺杆挤出机的主要尺寸

型号	0/20	50/30	60/33	65/30	80/30	100/30
加工原料	PE	PP	PE	PE	PE	
配减速箱		ZLYJ146	ZLYJ 200	ZLYJ 173	ZLYJ 225	ZLYJ 250
机筒外径	φ70	φ115	φ130	φ135	φ150	φ170

续表 3-17

型号	0/20	50/30	60/33	65/30	80/30	100/30
机筒总长	682	1603	2089	2064	2530	3147
螺杆外径	φ30	φ50	φ60	φ65	φ80	φ100
螺杆总长	723	1695	2230	2170	2675	3290
机筒法兰		φ260× φ95×45	φ350× φ110×50	φ300× φ115×50	φ420× φ130×60	φ420× φ150×60
法兰与机筒 连接螺纹		M110×3	M125×3	M130×3	M145×3	M165×3
止口尺寸(H8)		φ80×6	φ90×6	φ95×6	φ110×10	φ120×10
机头法兰		φ220× φ95×35	方法兰铰 链	方法兰铰 链式	φ280× φ130×45	φ300× φ150×45

五、单螺杆挤出机的设计理念

1. 在高品质的基础上高速、高产挤出。

2. 低温塑化,保证高质量制品的挤出。

3. 两阶式整体设计,强化塑化功能,保证调整高性能挤出。

4. 特种屏障、BM综合混炼设计,保证物料的混炼效果。

5. 使用高扭力输出,特大推力轴承。

6. 齿轮、轴的材料采用高强度合金钢,并渗碳、磨齿处理。

7. 高硬度、高光洁度、超低噪音。

8. PLC智能控制,主辅机间联动。

9. 易于监控的人机界面,方便了解加工和机器状态。

10. 根据需要可更换控制方式(控温仪表)。

11. 螺杆材质为38CrMoAL/A,氮化、耐磨处理。

12. 温控精度高,风水冷相结合。

13. 独特的入料口设计,具有较完善的水冷装置。

14. 带沟面喂料底套的螺筒,增强进料功能,保证高速高产挤出。

学习活动7　单螺杆挤出机的发展趋势

【学习目标】

1. 了解单螺杆挤出机的发展趋势
2. 了解特种单螺杆挤出机

【学习过程】

一、单螺杆挤出机的市场与发展趋势

螺杆挤出机因其结构简单、价廉物美、生产效率高等特点,一直是塑胶管材、板材、片材以及异型材等成型加工最重要的设备。随着技术的不断进步和人们对螺杆认识的提高,多种挤出机结构相继出现。

近年来,双螺杆挤出机的发展非常迅速,然而随着人们对挤出技术认识的不断提高,特种单螺杆挤出加工技术又有替代多螺杆加工技术的趋势。

单螺杆挤出机是最早得到普遍应用的挤出机,由于结构简单、加工效率高,在塑料加工成型领域获得广泛的应用。同时为了满足不同的加工需要,各设备厂家进行了多种螺杆、机筒结构的探索。单螺杆挤出机从最初基本的纯螺旋结构,发展为各种不同结构,如阻尼螺块、排气挤出、开槽螺筒、销钉机筒、积木式结构等,令单螺杆挤出机的成型范围和适应领域更广阔。由于单螺杆挤出机占用空间小,几乎成为复合加工与吹塑薄膜领域唯一使用的设备。单螺杆挤出机加工技术已经成为挤出加工市场不可忽视的重要部分。

挤出机主机和生产线市场将向技术含量更高、价格更低的方向发展。单螺杆挤出机将向超大型、超微型、大长径比、高产出、良好的排气性等方向发展,而适应特殊加工需要的螺杆机筒结构,则成为研发的重点。单螺杆挤出机是一种低能耗、低成本的机型,只要技术得当,结构设计合理,同样可以达到双螺杆挤出机的效能。据报道,美国目前使用的塑料挤出机就以单螺杆为主。在一些领域高技术含量的单螺杆挤出机正逐步取代双螺杆挤出机。

二、特种单螺杆挤出机

随着近年来市场发展的需要,国内外不同厂家纷纷推出各种特殊结构的单螺杆挤出机,以适应特殊的市场需要。以下特别介绍几种特殊挤出机在国内的研发进展。

1. 手提式挤出机的研制

北京化工大学成功开发一种超高速微型手提式单螺杆挤出机。该机螺杆直径仅12mm,机器总重量不到2.5kg。螺杆工作转速800～1200rpm,可实现连续或间歇工作。此外由于所加工物料具有高壁面滑移性以及极易架桥的特点,配有专门设计的强制加料装置。

由于挤出机为手提式操作,还设计了特殊的多路排气装置,以充分保证气体的排出。此外,该机器还具有深槽大螺距、两种驱动方式(电动、气动)和整机易于清理、保养、维修等特点。

该机器最初为加工一种特殊的低密度低黏度物料设计,并可用于各种低黏度物料的挤出加工成型,如热熔胶、低分子量树脂、各种石蜡、燃料、颜料及化妆品等。

超微型挤出机的研发,存在许多一般设备设计加工过程中难以想象的困难。据介绍,该设备开发成功的关键在于微型挤出机的加料、排气、低温挤出输送等问题的解决。

2. 磨盘挤出机的商业化实现

国内多个厂家已完成磨盘挤出机的开发,实现了磨盘挤出机的商业化生产。

由于高填充物料使用普通单螺杆或双螺杆挤出机加工存在较大的难度,如双螺杆挤出机用于玻纤增强配混时,若玻纤含量超过45%,加工就会变得相当困难。另外在加工磁性材料时,磁粉的添加量通常高达60%~70%,有时甚至达到90%以上,用普通挤出机进行磁性材料的加工与造粒几乎是不可能的。

国内一些厂家和科研院所(如北京凤记和北京化工大学),根据国内磁性材料以及其他高填充物料的需要,研发出独立设计的磨盘挤出机。

磨盘挤出机可以通过调整磨盘组合以适应不同高填充材料,如玻纤增强、磁性塑料、导电材料、新型陶瓷等物料的挤出加工。

为了适应高填充物料的挤出加工需要,北京化工大学进行了磨盘挤出机直接挤出成型的试验研究,应用于多种复合材料的挤出成型加工试验并获得成功。

3. 往复螺杆挤出机的系列化

往复螺杆挤出机在前几年的国内市场红火一时,成为不同厂家显示技术实力的标志型产品之一,各双螺杆挤出机厂家纷纷推出往复螺杆挤出机。由于目前双螺杆挤出机市场异常火爆,往复螺杆挤出机市场相对平淡,各挤出厂家还是以双螺杆挤出机为主推产品。近日宝应金鑫特种塑料机械厂与北京化工大学合作研发出多种规格的往复移动单螺杆挤出机,初步实现了往复移动挤出机的系列化。

据悉,宝应金鑫此次推出的系列化产品共包括四种规格:45、78、110 和 140,其中 45 和 78 两种规格已经研发成功,即将推出 110 和 140 两种机型。

往复移动式单螺杆挤出机最大的特点是实现不同物料的高填充加工。可用于玻纤添加量达到 50%以上的玻纤增强物料加工,特别适用于高填充物料的加工,具有非常广阔的市场前景。由于其往复式结构,不能很好地满足建压的要求,一般不适合用于制品的直接挤出成型。通常在用于成型加工时,还需配备专用的成型挤出机。

以上介绍的几种单螺杆挤出机,可以说是当前中国市场具有一定代表性的产品。不过,尽管中国挤出机市场发展迅猛,有不少新机型推出,但我国挤出机技术与国外发达国家相比还有较大差距,如在超大型和微型设备领域还落后于国际先进水平。国内企业唯有加紧努力,才能在激烈的市场竞争中赢得机会,真正从塑机大国发展为塑机强国。

三、新型 40D 单螺杆挤出机介绍

位于巴腾奥茵豪森/维也纳的巴顿菲尔辛辛那提是全球最大的挤出机品牌,其双螺杆挤出机更是由于两家专业挤出机制造商的合并而得到升级。在合并后,其单螺杆挤出机也获得了第一项成果。在杜塞尔多夫国际塑料及橡胶展(简称 K 展),巴顿菲尔辛辛那提的基础设施事业部将展出新型 40D 单螺杆挤出机系列。由于加工单元的优化,这一新的系列具有众多优点。

1. 这一新型挤出机系列具有极高的产量和低熔体温度。产品系列具有五个规格,螺杆直径分别为 45、60、75、90 和 120mm。这一系列挤出机将会成为 HDPE 和 PP-b 管材高产量挤出的理想选择,并且已有几台该系列的挤出机的性能在生产中得到验证。在展会上,巴顿菲尔辛辛那提还将展出经过测试和试运行的 ESE75-40 和 ESE45-40 机型,两台挤出机均配置 40L/D 加工单元,用于 3 层管材的共挤出。

2. 40D 单螺杆系列在设计上融合了两家公司的技术专长,性能优越,例如机器框架结构以及加工单元的五个加热区分区保留不变,同时使用了运行效率极高的强力驱动单元,优化的加工单元和新的驱动装置可以减少能耗达 15%。加工单元的设计是另一新特点,螺旋开槽喂料段保证了最理想的原料喂入和输送,从而确保一致的高产量。其螺旋开槽保证粒子在输送过程产生的摩擦力较低。经过改良的螺杆几何构型以及优化的混炼和剪切元件,保证了低熔温下柔和的熔体加工。另外,创新的机筒加热/冷却单元的组合保证了最佳的机筒温度调节,从而使挤出机可以达到更高的效率。新系列的单螺杆挤出机可以在保证优异熔体均质性的同时达到很高的产量水平,因此采用比传统 30D 挤出机小一个规格的机器型号就可达到相同的产能。

3. 40D 系列的单螺杆挤出机配备了客户熟悉、操作非常直观的 BMCtouch 控制系统,操作简单、使用方便。

【巩固习题】

1. 简述单螺杆挤出机的发展趋势。

2. 简述新型单螺杆塑料挤出机的优势。

学习活动 8　　螺杆、机筒氮化处理

【学习目标】

1. 了解氮化处理的基本原理
2. 了解氮化处理的操作指南
3. 掌握螺杆、机筒氮化处理的具体技术要求

【学习过程】

一、氮化概论

1. 氮化就是把氮渗入钢件表面,形成富氮硬化层的化学热处理过程。

为了缩短氮化周期,并使氮化工艺不受钢种的限制,近年来在原氮化工艺基础上发展出了软氮化和离子氮化两种新的氮化工艺。

软氮化实质上是以渗氮为主的低温氮碳共渗,在氮原子渗入的同时,还有少量的碳原子渗入。其处理结果与一般气体氮化相比,渗层硬度较氮化低,脆性较小,故称为软氮化。软氮化方法有气体软氮化、液体软氮化及固体软氮化三大类。目前国内生产中应用最广泛的是气体软氮化。气体软氮化是在含有活性氮、碳原子的气氛中进行低温氮、碳共渗,常用的共渗介质有尿素、甲酰胺、氨气和三乙醇胺,它们在软氮化温度下发生热分解反应,产生活性氮和碳原子。活性氮和碳原子被工件表面吸收,通过扩散渗入工件表层,从而获得以氮为主的氮碳共渗层。常用气体软氮化温度为 560～570℃,该温度下氮化层硬度值最高。氮化时间通常为 2～3 小时,超过 2.5 小时后氮化层深度随时间增加很慢。

图 3-20　井式氮化炉

2. 氮化处理是将氨气通入氮化炉内的不锈钢真空密封罐中,并加热到 520℃保持适当的时间。根据工件材质和渗层要求不同保持时间为 3～90 小时不等。氨所分解的活性氮原子向钢的表面层渗透扩散形成铁氮合金,从而改变钢件表面机械性能(增强耐磨性、增加硬度、提高耐蚀性等)以及物理化学性质(图 3-20)。

3. 氮化共有三个过程。

(1)氨的分解。随着温度的升高,氨的分解程度加大,生成活性氮原子($2NH_3 \rightarrow 6H + 2[N]$)。

(2)吸收过程。钢表面吸收氮原子,先溶解形成氮在 Q-Fe 中的饱和固溶体,然后再形成氮化物($2mFe + 2[N] \rightarrow 2FemN$)。

(3)扩散过程。氮从表面饱和层向钢内层深处进行扩散,形成一定深度的氮化层。

二、工件如何进行氮化

1. 组织准备

氮化工件在氮化前,必须具有均匀一致的组织,否则氮化层质量不高,通常采用调质、淬火处理作为预备热处理。

2. 气密性检查

氮化前应对加热炉、氮化罐和整个氮化系统的管道接头处进行气密性检查,保证氨气不泄漏并保持管路畅通。

3. 工件工作面的抛光清洁

要求氮化的表面要经过认真的打磨抛光(镜面)并仔细检查,氮化表面应无油迹、锈蚀、尖角、毛刺、碰伤和洗涤不掉的脏物,对于非氮化面要检查防护镀层是否完整。氮化前≤2 小时清洗零件,先用干净棉纱擦净油污,再用汽油、酒精或四氯化碳等清洗,也可用稀盐酸或 10％碳酸钠沸腾溶液去油。一般在 10％碳酸钠沸腾溶液中煮沸 8～10 分钟,后用清水反复洗涤。去污完成后应及时吹干或擦干。装炉时对于易变形零件如杆件等,应垂直吊挂于罐中。

4. 工件局部氮化的防护

有些工件某些部位不需要氮化,可以用以下两种方法加以防护。

(1)镀金属法。

(2)涂料法。

5. 通入氨气前的注意事项

(1)氨气(液氨)要求水、油总含量≤0.2％,氨(NH_3)含量≥9.8％。

(2)保证氨的充足供应量,以利氮化(每公斤液氨每小时可使 15 平方米工件表面氮化)。

(3)由于氨气对人体健康危害极大,必须进行设备漏气检查。同时氨气含量过多时 (10％～25％),遇到明火会引起燃烧,故氮化房内严禁吸烟。

（4）漏气检查

①酚酞试纸浸湿后放在可能漏气处，若试纸变为红色证明漏气。

②棒蘸盐酸产生白色烟雾，证明漏气。

③硫黄棒产生白烟，证明漏气。

三、氮化过程的操作

1. 升温

用挂具将零件和试样装入罐中，并封闭炉盖。对于有风扇的氮化炉可将风扇打开，将氨气瓶中液氨通过减压阀和氨柜（氨气干燥柜）后送入炉内，流量 500～1500L/h，进气压力 20～100mmH$_2$O（或 200～1000Pa）。

U 型压力计的使用：将水注入 U 型压力计中，把炉盖上的炉气接入 U 型压力计的一个接口，炉内的压力会形成水压差，其差值就是炉压一毫米水柱。

用氨气将氮化罐和管道中的空气充分排出稀释后（罐内空气量<5％左右或分解率为零时）才允许升温。这时可降低氨气流量，维持炉内有一定的正压，保证零件不被氧化即可。在升温过程中，对于不复杂、变形要求不严的零件，可不控制升温速度。但对形状较复杂、易变形的零件如大齿轮等，需采用阶梯升温方法，以减少零件的变形。当温度为 450℃左右时，需要控制升温速度不能太快，以免造成保温初期超温现象。同时，应加大氨气流量，使分解率控制在工艺要求的下限。这样到温后的分解率就会保持在要求的范围内，以便零件吸收氮原子，迅速提高表面层的氮浓度。在到温前 5～10℃时或到温初期，应校正温度，氮化温度以罐内温度为标准。

2. 保温

当氮化罐内达到要求温度时，氮化过程进入保温阶段。此时应根据氮化工艺规范，调节氨气流量，保持温度和分解率的正确和稳定。可根据情况采用等温氮化、二段氮化或三段氮化等氮化工艺。保温初期，当测得分解率在要求范围时，记下此时氨气的进气和排气压力。在保温过程中，应尽量保持压力不变，同时每隔半小时至一小时测量氨气分解率一次，并将氨气分解率及相应的氮化温度、炉压等一并记录。此外，还要经常观察炉温控制系统和风扇运转是否正常，进气及排气压力是否稳定，火焰颜色、火焰长度是否稳定。炉内的工作情况通常由流量计、压力计和冒泡瓶反映。在操作过程中，若发现氮化罐和炉内管道焊缝破裂漏气时，应立即停电降温，重新换罐装炉。

3. 冷却

保温结束、停电降温时，需继续通氨气，并保持炉罐有一定的正压，防止空气进入使零件表面产生氧化色。对于一般零件，当罐内温度降到 450℃以下时，可将炉门打开加速冷却。但对变形要求较严的零件，可随炉降温。当罐内的温度降到 200℃或 200℃以下时（视工件大小和摆放决定),便可停止风扇,断绝供给氨气。一段时间后打开炉盖,取出零件及试样,进行氮化层的质量检查,必要时还要检查零件的变形量。

四、氮化操作应注意的五个方面

1. 氮化过程中除了保证炉温均匀一致和恒定外,应特别注意氨的分解率,而氨的水柱高和流量只能作为校正的参考。

2. 注意钢瓶内存留的液氨量,以保证氮化的顺利进行。钢瓶的称重差数即为液氨的重量(正在氮化时,可用手在筒外壁测试,手感冷的位置线以下即为液氨储量)。

3. 氨的分解率水测瓶(俗称泡泡瓶)在使用 300～400 次后,由于氨的影响,会使水测瓶壁产生白色乳状细小粉末,应用盐酸溶液清洗,以保证分析器的洁净。

4. 输氨管及系统中各管子接头处,应用橡皮或锡做成的垫圈保护。

5. 氮化罐内的吊钩等物如材料为普通钢的,为防止发脆,最好镀镍后再使用。

五、螺杆、机筒氮化处理的具体技术要求

1. 氮化前标刻钢印,不氮化处理部分应用记号笔标注并涂防氮剂。

2. 氮化硬度:HV850～1000。

3. 氮化深度:0.45～0.7mm。

4. 氮化脆性:二级。

【巩固习题】

1. 简述零件氮化过程的操作步骤。

2. 零件氮化操作应注意哪几个方面?

3. 简述螺杆、机筒氮化处理的具体技术要求。

学习任务四　典型 SJSZ65/132 锥型双螺杆的加工

学习目标

1. 了解 SJSZ65/132 挤出生产线的用途

2. 了解 SJSZ65/132 挤出生产线的结构特点

3. 了解 SJSZ65/132 挤出生产线的主要技术参数

4. 能独立阅读生产任务单，明确工时、加工数量等要求

5. 能识读图样，明确加工技术要求

6. 能根据图样，正确选择加工刀具，能查阅切削手册正确选择切削用量

7. 能识读工艺卡，明确加工工艺

8. 能正确选择粗、精基准，预留相应加工余量

9. 能查阅相关资料，确定符合加工技术要求的工、量、夹具及加工机床

10. 掌握 SJSZ55/110、SJSZ80/156 锥型双螺杆及机筒的基本知识

建议学时

48 学时

工作情景描述

　　SJSZ65/132 锥型双螺杆挤出机挤出生产线专门用于 PVC 粉末原料的挤出、塑化和成型以及 PVC 塑料板材、型材的挤出生产。具有产出高、塑化效果好、能耗低的特点。采用锥型双螺杆外向旋转，并结合定量喂料螺杆控制喂料速度，可达到原料挤出均匀的效果。

　　SJSZ65/132 锥型双螺杆塑料挤出机还适用于聚氯乙烯粉料，其主机配合适当的机头和辅机，可将硬聚氯乙烯粉加工成管、板、异型材等制品，也可用于聚氯乙烯造粒。

　　目前，双螺杆挤出机不再局限于高分子材料的成型和混炼，其用途已拓展到食品、饲料、炸药、建材、包装、纸浆和陶瓷等领域。

工作流程与活动

　　学习活动 1　典型 SJSZ65/132 锥型双螺杆塑料挤出机简介（4 学时）

　　学习活动 2　明确 SJSZ65/132 锥型双螺杆的加工内容（8 学时）

学习活动1　典型 SJSZ65/132 锥型双螺杆塑料挤出机简介

【学习目标】

1. 了解 SJSZ65/132 挤出生产线的用途

2. 了解 SJSZ65/132 挤出生产线的结构特点

3. 了解 SJSZ65/132 挤出生产线的主要技术参数

【学习过程】

SJSZ65/132 锥型双螺杆挤出机挤出生产线专门用于 PVC 粉末原料的挤出、塑化和成型以及 PVC 塑料板材、型材的挤出生产。具有产出高、塑化效果好、能耗低的特点。采用锥型双螺杆异向向外旋转，并结合定量喂料螺杆控制喂料速度，可达到原料挤出均匀的效果（图 4-1）。

型材的定型冷却采用真空定型方式和循环水冷却的系统，真空管道和冷却水管道连接均采用铜质活接方式。在保证真空度的同时，维持冷却效果。

型材的牵引使用上下平块牵引履带机构，并可以增加异性牵引胶块使其符合异型材的牵引之用。此方法不会挤压板材型材，不会使产品变形。

履带升降采用气缸控制，具有压力可调功能，从而控制履带对板材及型材的接触面积和压力。

切割机采用抬刀切割机，与主机挤出同步控制，具有切割准确的特点。

双螺杆挤出机、真空定型台、牵引机、切割机以及放料架组成了生产线的主要部分。

一、用途

SJSZ65/132 锥型双螺杆塑料挤出机还适用于聚氯乙烯粉料，其主机配合适当的机头和辅机，可将硬聚氯乙烯粉加工成管、板、异型材等制品，也可用于聚氯乙烯造粒。

二、主要技术参数（表 4-1）

1. 螺杆直径：65/132mm

2. 螺杆数量：2 支

3. 螺杆有效工作长度：1440mm

4. 螺杆转速：1～34.7rpm

5. 螺杆旋转方向：异向向外旋转

6. 主电机功率：37kW

7. 主电机转速：1500rpm

图 4-1　SJSZ 锥型双螺杆塑料挤出机

8. 生产能力：250kg/h

9. 加热段数及功率：机筒 4 段，24kW

10. 机器中心高度：1000mm

11. 真空泵：极限真空度 0.4MPa，流量 40.3/h，电机功率 0.95kW

12. 加料装置：自动喂料

13. 机筒冷却风机功率：0.25kW×3

14. 外形尺寸：4235mm×1520mm×2450mm

15. 重量：主机 4000kg

SJS265/132 型挤出机的主要技术参数如表 4-1 所示。

表 4-1　SJSZ65/132 主要技术参数

型号	SJSZ65/132
机架	采用型钢及板材焊接而成，并经回应力处理，有较高的刚性，变形小
齿轮箱	采用 ZBJ19009-88 所规定的技术规范，齿轮和轴类零件采用高强度合金钢材质，齿轮精度 GB10095-88，6 级，齿面硬度 HRC-6
螺杆、机筒	材料 38CrMoAlA 优质氮化钢，渗氮层深度 0.4～0.7mm，表面硬度 800～900HV，表面粗糙度 0.4μm
螺杆直径(mm)	小头 φ65，大头 φ132
螺杆数量	2
螺杆转速(rpm)	1～34.7
螺杆有效工作长度(mm)	1440
主电机功率(kW)	37
主电机调速	采用 37kW ABB 变频器调速
机筒加热功率(kW)	24

续表 4-1

型号	SJSZ65/132
定量喂料系统	采用不锈钢喂料料斗,配搅拌机构防止架桥现象
定量喂料电机功率	0.75kW
定量喂料电机调速	0.75kW 变频器
生产能力(kg/h)	180~250
机器中心高(mm)	1000

三、结构简述

1. 本机具有以下结构特点

(1)设置了排气装置,可脱去 PVC 粉料中的水分、空气和低分子化合物单体,提高制品的质量。

(2)螺杆为锥型,加料段具有较大直径,对物料的传热面积和剪切速度较大,有利于物料的塑化,计量段螺杆直径较小,减小了传热面积和对熔料的剪切速度,使熔体能在较低的温度下挤出。

(3)螺杆芯部设有自动温度循环系统,可使螺杆温度前后平衡,提高制品质量和产量。

(4)装有定量加料装置,使挤出量与加料量匹配,保证制品稳定挤出,扩大了对不同原料的适应能力。

(5)定量加料装置中设有磁性体,防止铁性物质进入,保护螺杆,保证制品质量。

(6)螺杆为锥型,计量段末段螺杆的横截面积减少,轴向力较小,安装止推轴承处空间较大,轴承能承受较大的轴向负荷力。

(7)设置减速箱,驱动力矩通过齿轮箱均匀地分配给两根螺杆。

(8)机筒采用电阻加热,冷却器外形尺寸小、重量轻、装拆方便,并装有自动冷却装置。

(9)采用交流变频调速电机无级调速,转速稳定、调节方便。

(10)装有过电保护装置,减小机件的损坏。

2. 结构组成

主机主要由螺杆、机身、传动系统、加热冷却系统、排气装置、定量自动加料装置、机头、机头连接体和电器控制箱等零部件组成。

(1)螺杆

它是完成塑料输入和塑化的关键零件,由于它的旋转,将粉(或颗粒)状塑料向前推,达到压实、熔融、混炼均化的目的。螺纹由不同螺距分段组成以达到更好的输送、压实、混炼和塑化,并实现排气、脱水。螺杆芯部设有无需保养的温度自动循环系统,能把高温区的热量自动转移到需要热量的区域,对高温区起到了良好的冷却作用,对整个系统起到节能作用。

一定要注意在螺杆完全冷却后才能拆开检查。

(2)机筒

它是容纳塑料和螺杆的零件,其内孔形状似"∞"。它与塑料及螺杆直接摩擦,因此机筒由氮化钢制成,内孔经氮化处理,以达到较高的硬度和较好的耐磨性,并具有一定的耐磨蚀能力。其外表面有四组加热器,热量经机筒传给塑料,使塑料熔融塑化。在装加热器的机筒各处部位共设有四个测温点,可在 PVC 加工温度范围内自动控制。

(3)机头连接体

它是连接机头与机筒的部件,其上有电热圈加热,以防止熔融塑料冷却。

(4)传动系统

传动系统是在选定的工艺条件下,使螺杆以规定的扭矩均匀旋转,以完成螺杆对塑料的塑化和输送。为了适应各种规格塑料制品的生产要求,螺杆应具有不同的转速,本机采用直流电动机通过弹性联轴器和减速器带动分配齿轮箱,并可实现无级调速,使螺杆转速在 1~34.5 转/分内无级调速。本机螺杆的转速可直接由控制版面上的转速表读得,另外还配备与辅机同步调速的电器系统。

(5)排气装置

为了提高塑料制品的质量,机筒中段上表面开有排气孔,由真空泵将低分子挥发物及料中夹带的空气水分等排出。

(6)自动定量加料装置

由于塑料在双螺杆挤出中是强制输送的,加料口的加料量必须和机头出口处出料相适应。加料量不足,不但产量低,而且影响排气效果,加料量太多,又会使机器的负荷加大,并且在排气口产生冒料。因此,特别设计了螺杆式定量加料装置。在此需要特别指出,根据生产制品的物料特性和加工工艺的条件试车时,必须严格检查好加料量和螺杆的挤出量。加料螺杆的转速可无级调速,转速范围为 4~78 转/分当工艺稳定后,不必再进行单独调节,可用总的调速旋钮,进行同步调速。

(7)加热冷却系统

随着螺杆的转速、挤出压力、外加热功率以及挤出机周围介质的温度变化,机筒中物料的温度也会相应地发生变化。为使塑料原料始终能在其加工工艺所要求的温度范围内挤出,设置有加热、冷却系统。本机采用加热圈加热,通过机筒传递给塑料,冷却采用鼓风机冷却,加热和冷却自动控制。

(8)机头

它是挤出机成型的重要组成部分,用户可根据需要,订购各种硬管机头或其他机头(管子外径 90mm、壁厚 2.5mm,管子外径 160mm、壁厚 8mm,以及其他规格、品种的机头)。

如用户要求,本产品出厂可不带任何机头。

四、电气部分

SJSZ65/132锥型双螺杆挤出机的电气部分是由传动装置及加热装置两部分组成。

1. 传动装置

主螺杆速度调节采用华为TD21000系统变频器进行变频调速,驱动Y系列电动机拖动主螺杆。要求输入380V三相交流,频率50Hz。

2. 加热装置

SJSZ65/132锥型双螺杆挤出机的机筒和螺杆共有10段加热器,它们从进料口开始向机头方向依次排列。采用带PID参数自整定、测量、设定值双显示的RKCCH402型数字式温度控制器和K分度压簧式热电偶控制其加热温度,第2、3、4段加热器装有鼓风机冷却。

3. 使用与调节

接通电源后,先不要合上主开关QF1,应打开控制箱门,合上控制电源开关QF2、励磁电源开关QS1、喂料电机电源开关QS2、直流电机上冷却风机电源开关QM1和真空泵电源开关QM2、加热电源开关QF22-QF31(根据需要加热的段数可以合上其中几个)后合上主开关QF1。将1~10段加热器的数显温度调节仪上的温度设定为塑料加工工艺所需的温度,根据需要加热的段数将SA22~SA31之中的几个合上,使各加热器加热至所设定的温度并保持恒定。其中共3~4段加热器上装有冷却风机,当温度超过设定时进行冷却,保证塑料制品的质量。

本变频调速装置有多种保护装置,当电机过载时自动停止并报警。数显温度调节仪的原理、设定及使用请参阅仪表的使用说明书。真空泵的启动与停止由控制箱面板上标有"真空泵"的功能开关控制。本机进线电源为380V三相四线制,注意核对相序。控制箱进线L1、L2、L3的相序为A、B、C。

五、设备的成套性

(1)挤出机1台。

(2)电器控制柜1台。

六、机器的安装、试车、操作及维护保养

1. 机器的安装

根据"技术参数"一项所列机器的重量,选择起吊设备的规格。

(1)安装前的准备工作

①检查机器的附件及安装所需的工具是否齐全。

②根据当地土质条件,选择地基,安装地点必须具备装拆检查机器方便的条件。

(2)安装

①浇灌混凝土基础,并留出机器的地脚螺栓孔。

②进行电线、水管的安装。

③在需润滑处，加好润滑油或脂，参照"机器的维修与保养"第三条进行。

④进行一次全面的检查，无问题后方可试车。

2. 试车和操作

机器的试车由熟悉工艺过程者操作，以便在试车过程中发生意外时能及时采取措施，防止事故发生。

(1)检查减速箱和分配齿轮箱中的46号齿轮油是否达到油标处，若没有达到，应加油到油标处。

(2)启动主电机观察检查转向是否正确，注意如果转向不对应立即关车，螺杆必须向外旋转。

另外还要注意，机器应尽可能避免在空载下运转，以免发生螺杆和机筒刮毛或螺杆咬死。如空车试车，机筒内应加润滑油。

(3)检查排气电机、真空泵以及所有风机的旋转方向是否正确。

(4)打开冷却装置，通入冷却水，检查管路是否畅通，有无泄漏现象。

(5)上述试验一切正常后，才可接通加热开关，检查加热及冷却是否正常，若正常可进行预热。

(6)观察温度，当各加热区的温度达到所需数值时，保温30分钟后启动主机，开始加料。先慢速加料直到机头模口出料，再调节加料螺杆转速逐渐加速到工艺所需的转速，并启动真空泵进行排气。此时检查挤出制品质量(包括塑化质量、外观质量及内在质量)是否达到标准。

(7)适当调整转速及各段加热温度，直到获得最好的制品质量和最佳的工艺条件为止。

(8)真空泵必须在螺杆充满料时才能启动，停机前必须关闭真空泵，以免排气装置吸入粉料。

(9)做好试车记录，供今后查阅参考。

(10)试车完毕，应立即清除机筒和螺杆内的残余塑料(特殊工艺除外)，以免妨碍下次生产的顺利进行。

(11)安装螺杆时，须把挤出机机筒转到边部，把螺杆1(右转)和螺杆2(左转)同时推入机筒内，再把机筒转到工作位置紧固。轻微转动螺杆，使螺杆花键位置与传动轴上的花键位置一致并同心，并将连接体套固定安装。在基本排空机内的物料后切断电源，卸下机头和机头连接体。打开机身前端、手轮右边的进气球阀，使机筒支撑往下端充气，然后将连接套后推与螺杆花键脱落。打开紧固装置，转动手轮使机筒前移后将挤出机机筒转到边部，用铜棒在机筒前端推动螺杆并拆除。

(12)螺杆间隙的调整:

将两根螺杆推入机筒,再将机筒转到工作位置锁紧。螺杆向前推足,以螺杆与机筒间隙为零的一根为准(若两根都为零可任取一根),然后将作为基准的螺杆后退,使之与机筒的间隙为 0.1mm。此时,螺杆与传动轴之间的间隙即为需要的调整垫片厚度。以调整好位置的一根螺杆为基准,轴向移动另一根螺杆,测量出两根螺杆之间的轴向间隙,并调整第二根螺杆的中间间隙位置,测量出螺杆与传动轴之间的间隙。此时的间隙即为第二根螺杆需要的调整垫片厚度。

安装好调整片将第二根螺杆后退,其与机筒的间隙必须在 0.1~0.15,不然必须再调整第一根螺杆与机筒的间隙。必须保证两根螺杆间的中间间隙位置与机筒间隙均为 0.1~0.15之间。全部调整好后,可安装调节垫片,并将连接套就位。

注意本厂产品出厂时螺杆间隙已经调整完毕,用户在装拆维修保养后应按上述方法进行调整。

(13)原料过滤器的使用:

在机身上装有原料过滤器,由上、下过滤筒组成,它能防止排气口基础的原料进入到真空泵。当排出原料充满下过滤筒时,须拆下过滤下筒体清除内部杂物并安装回位,清除过程中制品质量会受到影响。

注意在安装过滤下筒体时,要保证其和过滤上筒体之间的密封。

3．机器的维修与保养

(1)机器应由专职人员操作。

(2)机器一般不允许在空载下运转,以免螺杆与机筒刮毛或螺杆与螺杆咬死。

(3)减速箱装有 46 号齿轮油 21 公升,分配齿轮箱装有 46 号齿轮油 19 公升,定量加料器减速箱用 0.7kg 的 ZG-3 润滑脂充填。减速箱与分配齿轮箱首次使用约操作 500 小时换一次油,而后每操作 700 小时换一次油。定量加料器减速箱每操作 700 小时后更换一次ZG-3 润滑脂。

(4)每次生产后应立即清理机头中的残余塑料,若机器有段时间不工作,要在螺杆、机筒和机头等表面涂上防锈油。

(5)必须防止硬物落入进料口使得螺杆和机筒擦伤甚至损坏。

(6)为保证长期连续可靠操作,每年要检查所有轴承一次。在出现第一磨损现象时就必须替换,日常可用听觉检查是否有异常噪音。

(7)在运转过程中发现不正常的现象应立即停车,进行检查修理。

七、易损件

1．分配齿轮箱

(1)调心滚子轴承:53513,2 套

(2)调心滚子轴承:53514,2 套

(3)调心滚子轴承:9039418,2 套

(4)骨架油封:80×105×12,2 只

(5)骨架油封:75×100×12,1 只

2. 减速箱

(1)推力轴承:2007120,2 套

(2)推力轴承:2007114,2 套

(3)推力轴承:2007110,3 套

(4)推力轴承:2007109,1 套

(5)骨架油封:100×130×12,1 只

(6)骨架油封:50×70×12,1 只

(7)骨架油封:50×80×12,1 只

【巩固习题】

1. SJSZ65/132 锥型双螺杆挤出机生产线,专门用于_____的挤出,塑化,成型。

2. 双螺杆挤出机、_____、牵引机、_____和放料架组成了整条生产线的主要部分。

3. SJSZ65/132 锥型双螺杆挤出机,螺杆小头直径 _____ mm,螺杆大头直径 _____ mm。

【拓展知识】

一、锥型双螺杆挤出机的分类

锥型双螺杆挤出机分为锥型同向双螺杆挤出机和锥型异向双螺杆挤出机。

锥型同向双螺杆挤出机在工作时两根螺杆同方向旋转。它与锥型异向双螺杆挤出机不同的是分配箱中增加一个中间齿轮,以达到两根螺杆同向转动的效果。其在很大程度上可满足物料加工的要求。

1. 普通型

普通型的特点是螺槽深度沿螺杆全长不变,螺杆大端直径与小端直径之比≤2。

2. 双锥型

双锥型的特点是螺槽深度沿螺杆全长渐变,而直径与螺槽深度之比不变,螺杆大端直径与小端直径之比＞2。外圆锥和内圆锥为两个锥角不等的锥面,外锥角大于内锥角。加料段螺槽比普通型深,加料量大。螺杆表面积大,有利于传热和物料的熔融、塑化。其挤出量比普通型可提高 20％～30％。

双锥型中还有一类是直径与螺槽深度之比变化的。

3. 高效双锥型

高效双锥型的特点是螺槽深度沿螺杆全长渐变,螺杆大端直径与小端直径之比>2。但螺杆大端加长,可以增加螺槽体积和螺杆表面积,使物料在机筒中停留时间加长,受热时间延长,有利于吸收热量加快温升,促进塑化,提高挤出量,对物料的适应性更强。挤出量较同规格的普通型提高1~2倍。

二、锥型双螺杆挤出机的功能和用途

锥型双螺杆挤出机的两根锥型螺杆在料筒中互相啮合、异向旋转,其中一根螺杆的螺棱顶部与另一根螺杆的根部有合理的间隙。由于异向旋转,其中一根螺杆上物料螺旋前进的道路被另一根螺杆堵死,物料只能在螺纹的推动下,通过各部分的间隙轴向前进。当物料通过两根螺杆之间的径向间隙时,犹如通过两辊的辊隙,所受的搅拌和剪切十分强烈,因此塑化均匀,特别适宜加工PVC塑料。

锥型双螺杆挤出机具有塑化混炼均匀、产量高、质量稳定、适应范围广、使用寿命长以及PVC粉料直接成型等特点。配以相应的成型机头模具和辅机,可将各种热塑性塑料,特别是硬聚氯乙烯粉料直接挤出成管、板、片、棒、膜及异型材等塑料制品,也可完成对各种塑料的改性及粉料造粒。

锥型双螺杆挤出机性能稳定,能使熔体在较低的温度下良好地塑化挤出,其机筒上装有铸铝加热器,热效率高、升温快而均匀,并配置冷却风机。

传动部分专门设计,采用新型变频电机驱动或直流电机驱动,运转平稳、传输力矩大、效率高。通过进口变频器或直流调速器能达到无级平稳调速、精度高和节能的效果。采用智能化双显数字温控仪,控制精度高、温度波动小。设有过载保护和故障报警、螺杆芯部油循环恒温、机筒油冷却等功能,并装有真空排气管装置和定量喂料装置。

三、锥型双螺杆挤出机的主要特点

SJSZ系列锥型双螺杆塑料挤出机是一种高效的混炼、挤出设备,具有剪切速率小、物料不易分解、塑化混炼均匀、产量高、质量优、自洁性好、适应范围广、使用寿命长等优点。PVC粉料直接挤出成型,效果良好。其采用了自动温控、真空排气、螺杆芯部油冷、机筒风冷或油冷等技术。主电机及喂料电机可分别采用交流变频调速系统或直流调速系统。锥型双螺杆挤出机用途广泛,配备相应的螺杆、机头和辅机可将各种热塑性塑料、热固性塑料和改性塑料从粉料状态直接挤制成管型、板型、棒型、中空、异型截面型材等塑料制品。

四、锥型双螺杆塑料挤出机的主要参数

(1)螺杆公称直径:螺杆公称直径是指螺杆外径,用 D 表示,单位 mm。和单螺杆挤出机一样,双螺杆挤出机的螺杆公称直径是一个重要技术参数,它的大小在一定程度上代表了双螺杆挤出机生产能力。双螺杆的直径越大,表示机器的加工能力越大。变直径(或锥型)螺

杆的直径是一个变值,一般用最小直径和最大直径表示,如65/132。

(2)螺杆长径比:指螺杆上有螺纹部分的长度(即螺杆有效长度)与螺杆直径之比,用L/D表示。其中L为螺杆有效长度,D表示螺杆直径。对啮合同向积木式双螺杆挤出机来说,由于其螺杆长径比可以变化,因而在产品样本上的长径比是指最大可能的长径比。螺杆长径比是一个重要技术性能参数,它在一定意义上表示双螺杆挤出机能完成特定生产任务和功能的能力(和螺杆转数、加料量一起),也能表示生产能力的大小。但应指出,其长径比概念没有在单螺杆挤出机中那么重要,除了适于特定的任务外,长径比越大并不代表生产能力越大(双螺杆挤出机的生产能力更多地决定于螺杆直径、螺杆转数、螺杆构型和加料量)。一般整体式双螺杆挤出机的长径比为$7\sim18$。对于组合式双螺杆挤出机,长径比是可变的。目前产品长径比有逐步加大的趋势。

(3)螺杆的转向:螺杆的转向有同向和异向之分。一般同向旋转的双螺杆挤出机多用于混料,而异向旋转的挤出机多用于挤出制品。

(4)螺杆的转速范围:双螺杆挤出机的螺杆速度一般都能无级调节,其螺杆有一最低转数和最高转数。螺杆的转速范围在螺杆的最低转速到最高转速(允许值)之间。同向旋转的双螺杆挤出机可以高速旋转,但异向旋转的挤出机转速一般仅为$0\sim40r/min$。目前螺杆转速最高可达$1000r/min$以上。转速越高,剪切力越大,产量越大。

(5)驱动功率:驱动功率是指驱动螺杆的电动机功率,单位kW。

(6)产量:产量是指每小时物料的挤出量,单位kg/h。

五、双螺杆塑料挤出机的优点

1. 直观了解易损件的磨损情况

由于打开方便,所以能随时发现螺纹元件和机筒内衬套的磨损程度,从而进行有效的维修或更换。不至于在挤出产品出现问题时才发现磨损,造成不必要的浪费。

2. 降低生产成本

制造母粒时经常需要更换颜色,如果需要更换产品,在数分钟时间内即可开启加工区域。另外还可通过观察整个螺杆上的熔体剖面对混合过程进行分析。目前普通的双螺杆挤出机在更换颜色时,需要用大量清机料进行清机,既费时、费电,又浪费原材料。而剖分式双螺杆挤出机则很好地解决了这个问题,更换颜色时只要几分钟时间就可快速打开机筒进行人工清洗,可不用或少用清洗料,节约了成本。

3. 提高劳动效率

在设备维修时,普通双螺杆挤出机通常要先将加热、冷却系统拆下后再整体抽出螺杆。而剖分式双螺杆则只要松开几个螺栓,转动蜗轮箱手柄装置抬起上半部分机筒即可打开整个机筒进行维修。这样既缩短了维修时间,也降低了劳动强度。

4. 高扭矩、高转速

目前世界上双螺杆挤出机的发展趋势是向高扭矩、高转速、低能耗方向发展，更高的转速带来的效果就是更高的生产率。剖分式双螺杆挤出机即属于这个范畴，它的转速可达500转/分钟，所以在加工高黏度、热敏性物料方面具有独特的优势。

5. 应用范围广

其应用范围广泛，可适用于多种物料的加工。

6. 高产量、高质量、高效率

具有普通的双螺杆挤出机所具有的优点，可实现高产量、高质量、高效率。

六、双螺杆塑料挤出机的技术发展趋势分析

1. 高速、高效、节能

高速和高产量可使投资者以较低的投入获得高额的回报，但是螺杆转速高速化带来一系列亟待解决的问题，如物料在螺杆内停留时间短容易引起物料混炼塑化不均，过高剪切可能造成物料急骤升温和热分解，可能出现挤出稳定性问题，需要高性能辅机和精密控制系统与之配套，螺杆与机筒的磨损问题以及减速传动箱设计问题等。因此，针对高速化可能带来的问题提出解决方案，是双螺杆技术创新的重要方向之一。

德国贝尔斯托夫（Berstorff）公司推出的新型双螺杆挤出机 ZEUTX 系列的性能与众不同，拥有优异的螺杆直径/生产率比。螺杆设计最高转速达 1200rpm，扭矩大，挤出产能在 $100\sim3500$kg/h。可同时进行物料的混炼、反应、排气等工序。机筒和螺杆采用了模块式设计，能满足各种特殊工艺要求，具备优异的加工工艺灵活性，还配有 ZSEF 型侧边喂料器，可实现较高的固体颗粒输送率。另有切粒机可匹配不同的产率和材料加工。

为了适应高速、高产的需要，该挤出机具有多处改进。装备了筒式加热器，可在极短时间内完成挤出机的升温工作，最高加热温度可达 450℃。冷却流道设计真正实现了逆向流冷却，优化了冷却系统。配置了"弓形夹紧装置"，更换机筒的时间可比传统螺栓连接型更快。机筒采用了带有专利的高频淬火硬化工艺，赋予极佳的耐磨性能，从而省去了昂贵的耐磨衬套。另外，还配备有该公司的高级工艺控制系统。

2. 多功能化

在功能方面，双螺杆挤出机已不再局限于高分子材料的成型和混炼，其用途已拓展到食品、饲料、炸药、建材、包装、纸浆和陶瓷等领域。此外，将混炼造粒与挤出成型工序合二为一的"一步法直接挤出工艺"也非常具有吸引力。

WPC（木塑复合材料）用于户外应用，特别是在美国，已经有相当长的时间，如作甲板铺板和栅栏。辛辛那提公司专门开发了 Fiberex 系列，并不断使优化以用于 WPC 成型。第四代 Fiberex 具有一个加长的耐磨加工单元，能充分满足顾客的不同要求，并达到很高的产

量。在 NPE 展览会上,辛辛那提公司演示了整条 Fiberex 试生产线,该线配有一台生产量为 200 kg/h(440 lb/h)的 Fiberex T58 挤出成型机,用于成型加工 75％木粉填充量的 PP 配混物。生产线用于制造一种用于家具工业的异型材,壁厚 25mm,挤出定型速度 2m/min。

3. 大型化和精密化

挤出成型设备的大型化可以降低生产成本,对于大型双螺杆造粒机组、吹膜机组、管材机组更是如此。在中国,大型化设备长期依赖于进口,现正进行大型双螺杆造粒机组的国产化研究。精密化可以提高产品的含金量,如多层复合共挤薄膜。熔体齿轮泵作为实现精密挤出的重要手段应大力开发研究。

学习活动 2　明确 SJSZ65/132 锥型双螺杆的加工内容

【学习目标】

1. 能独立阅读生产任务单,明确工时、加工数量等要求

2. 能识读图样,明确加工技术要求

3. 能根据图样,正确选择加工刀具,能查阅切削手册正确选择切削用量

4. 能根据现场条件,查阅相关资料,确定符合加工技术要求的工、夹、量具

【学习过程】

一、阅读 SJSZ65/132 锥型双螺杆生产任务单(表 4-2)

请仔细阅读 SJSZ65/132 锥型双螺杆的生产任务单并完成习题

表 4-2　生产任务单

需求方单位名称				完成日期	年　月　日	
序号	产品名称	材料	数量	技术标准、质量要求		
1	SJSZ65/132 锥型双螺杆	38CrMoAlA	1	按图样要求		
2						
3						
4						
生产批准时间		年　月　日	批准人			
通知任务时间		年　月　日	发单人			
接单时间		年　月　日	接单人		生产班组	铣工组

【巩固习题】

1. 本生产任务需要加工零件的名称:＿＿＿＿＿＿＿;材料:＿＿＿＿＿＿＿;加工数量:＿＿＿＿＿＿＿。

2. 对 SJSZ65/132 锥型双螺杆(图 4-2)的材料有哪些要求?

图 4-2　锥型双螺杆

二、 SJSZ65/132锥型双螺杆打孔图与零件图

请仔细阅读SJS2 65/132锥型双螺杆打孔图与零件图后完成习题（图4-3，4-4）。

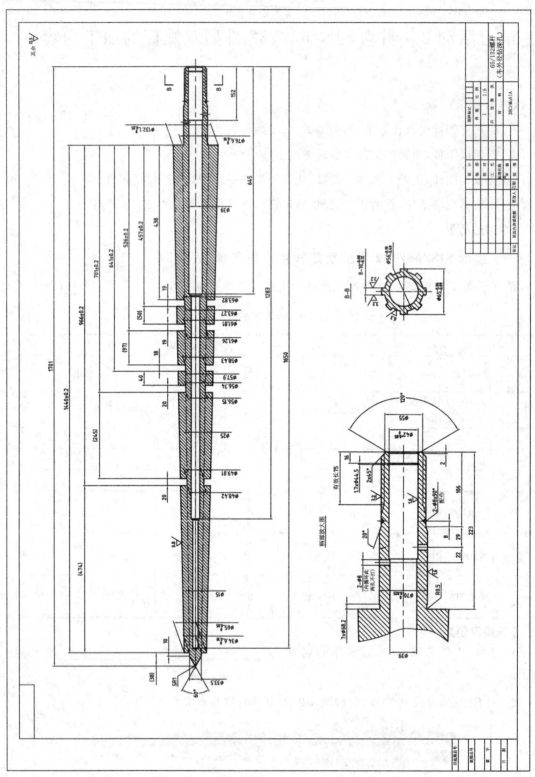

图4-3　SJSZ65/132锥型双螺杆打孔图

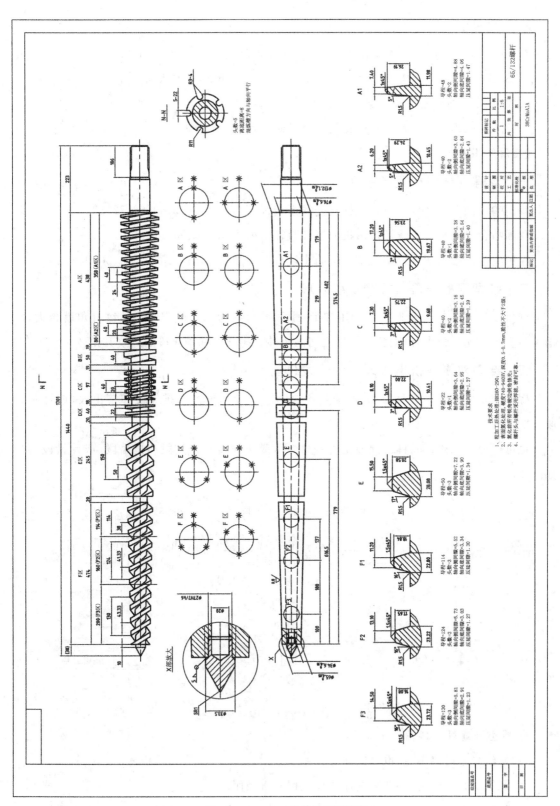

图4-4 SJSZ65/132锥型双螺杆零件图

【巩固习题】

1. SJSZ65/132 锥型双螺杆长度＿＿＿＿＿＿ mm,有效长度＿＿＿＿＿＿ mm。

2. SJSZ65/132 锥型双螺杆,螺杆小头尺寸＿＿＿＿＿＿ mm,螺杆大头尺寸＿＿＿＿＿＿ mm。

3. 零件图哪些尺寸有公差要求?请列举。

4. 简述 SJSZ65/132 锥型双螺杆氮化处理的技术要求。

【拓展知识】

一、双螺杆挤出机直径系列

我国啮合同向双螺杆挤出机螺杆直径的系列标准为 30、34、57、60、68、72、83。

我国啮合异向平行双螺杆挤出机的螺杆直径系列为 65、80、85、110、140。

我国生产的锥型双螺杆塑料挤出机的小端直径系列为 25、35、45、50、65、80、90。

二、锥型双螺杆挤出机的螺纹牙形

锥型双螺杆的螺纹牙形一般采用梯形,螺纹升角约为 5°。导程越大螺纹升角就越大,槽深与直径之比也越大,以避免两螺杆之间的干涉。排气段和均化段的螺纹升角较大。

三、锥型双螺杆挤出机螺杆的分段(区)

螺杆全长按功能一般分为四段:加料段、塑化段(或压缩段)、排气段和挤出段(或计量段)。

也可以分为五段:加料段、预塑化段、塑化段(或压缩段)、排气段和挤出段(或计量段),如图 4-5 所示。

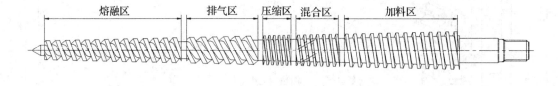

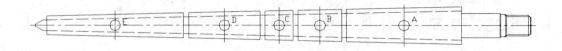

图 4-5　锥形双螺杆挤出机螺杆及其分区

1. 锥型双螺杆加料段

(1)螺纹导程可以不变,也可以渐变。

(2)螺纹头数一般为 1～3A,具体选择视螺杆直径而定。

(3)加料段长度 L_1,为适应不同物料或配方的加工要求,L_1 应尽量加长,一般为螺杆总长的 35％～40％。若在其后还设有预塑化段,则 L_1 可适当缩短,但从加料口前缘到加料段结束,至少要保持两倍以上加料段螺纹导程的长度。

2. 锥型双螺杆预塑化段

预塑化段的压缩比一般为 1.5～1.8。

压缩比可以根据式 4-1 确定:

$$\varepsilon = [\pi(D_{b1} - h_1)h_1 - A_{2u1}]T_1 / [\pi(D_{b2} - h_2)h_2 - A_2w_2]T_2 \qquad (式 4-1)$$

式中:D_{b1}、D_{b2}——所计算区段始末两位置处的机筒内径

h_1、h_2——所计算区段始末两位置处的螺槽深度

A_{2u1}、A_{2w2}——所计算区段始末两位置处的啮合区面积

$T1$、$T2$——所计算区段始末两位置处的导程

3. 锥型双螺杆塑化段

塑化段的压缩比一般为 1.4～3.8,长度 L_2 约占螺杆总长的 5％～8％。

4. 锥型双螺杆排气段

(1)排气段螺槽的容积必须足够大,使物料在其中处于半充满状态。在同样螺杆转数下,具有较大的自由体积输送能力,使排气口上游的输送能力 Q_1 小于排气段的输送能力 Q_2,即 $Q_1 < Q_2$。

(2)排气段螺槽容积 V_3 应为加料段螺槽容积 V_1 的 1.2～1.8 倍,即 $V_3 = (1.2 \sim 1.8)V_1$。

(3)为防止两螺杆咬合、干涉,要增加两螺杆的侧间隙。

(4)排气段的螺纹头数 i_3 应尽可能多些。

(5)排气段长度 L_3 一般为排气段导程 S_3 的 2.5～3 倍,约占螺杆总长的 17％～20％。排气口至螺杆排气段起点的距离应大于 $0.5S_3$。

5. 锥型双螺杆挤出段

(1)挤出段长度 L_4 应为最大机头压力下建立压力所需长度(物料充满长度)的 1.5 倍,约占螺杆总长的 30％～35％。

(2)挤出段的螺纹导程 S_4 可设计成逐渐增大形式,以抵消由于螺杆锥型结构造成的螺槽容积减小,得到恒定的螺槽容积。

(3)挤出段的螺纹头数应选多一些,一般 $i_4 = 2 \sim 3$。

学习活动3 制定 SJSZ65/132 锥型双螺杆的加工工艺

【学习目标】

1. 能识读工艺卡,明确加工工艺

2. 能综合考虑零件材料、刀具材料、加工性质、机床特性等因素,查阅切削手册,确定切削三要素中的切削速度、进给量和切削深度,并能运用公式计算转速和进给量

3. 能正确选择粗、精基准,预留相应加工余量

4. 能查阅相关资料,确定符合加工技术要求的工、量、夹具及加工机床

【学习过程】

阅读表 4-3。

表 4-3 SJSZ65/132 锥型双螺杆的加工工艺

SJSZ65/132 锥双螺杆加工工艺		螺杆总长:1701mm	材料:38CrMoAlA
工艺过程		**加工设备**	**工序加工内容**
序号	工序名称		
1.0	下料	锯床 G5132	圆棒料下料 $\phi140\times1680$,材质为 38CrMoAlA 优质合金钢,全长弯曲度小于 4mm
2.0	钻深孔	深孔钻床	按 65/132 螺杆车外径钻深孔图纸加工,深孔要求钻中心通孔 $\phi15\sim\phi39$
3.0	粗车	C6150	按 65/132 螺杆车外径钻深孔图纸,粗车螺杆外径,总长度放余量 10mm,外径余量 4~5mm
4.0	调质	调质炉/回火炉	900℃保温 2~3 个小时,调质硬度为 HRC29±2
5.0	半精车	C6150	按 65/132 螺杆车外径钻深孔图纸,精车螺杆外径,柄部,并分段割槽,放 1mm 粗磨余量
6.0	划螺纹线	C6150	在车床上用刀尖划出两条相距为各段螺棱宽,螺距为各段相应螺距的螺纹线,以定出螺纹槽的起止点位并标出不同螺纹的起止点
7.0	铣螺棱	专用机床	螺棱宽留余量 0.5~1mm,配对时,两边间隙不超过 0.3mm
8.0	定性	定性炉	500℃保温 4~6 个小时,定性后检验硬度
9.0	配对铣(数铣)	螺杆铣床	以各分割槽段直径为基准铣各区段螺棱,棱宽留 0.05~0.15mm 精抛余量,配对时,两边间隙不超过 0.1mm

续表 4-3

SJSZ65/132 锥双螺杆加工工艺		螺杆总长:1701mm	材料:38CrMoAlA

工艺过程		加工设备	工序加工内容
序号	工序名称		
10.0	粗磨	外圆磨床	粗磨外径,外圆留余量 0.02~0.05mm,保证外径跳动 0.05 以内,氮化后精磨
11.0	粗抛	抛光机	粗抛螺棱两侧面及底径,留 0.10~0.15mm 的余量,用以氮化处理后再次抛光
12.0	倒角	万能铣床	按图纸要求
13.0	修角	C6150	按图纸要求
14.0	车头部	C6150	按图纸尺寸,角度 60°
15.0	划线	钳工划线	左右旋柄部花键各铣一键保证铣去的两键对应,转动时在同一位置,要划线
16.0	铣花键等	专用机床	根据压力角,模数等选刀具,加工渐开线花键,螺棱上开混炼槽
17.0	非氮化处保护		氮化件必须用汽油认真清洗,去除油渍污垢,擦净吹干,非氮化处涂防氮剂保护
18.0	氮化	渗氮炉	要求垂直悬吊不能碰到其他工件,拍照留档,氮化硬度达到HV900-1000,脆性不大于 2 级
19.0	校直		达图纸要求
20.0	精磨,配对	外圆磨床	精磨外圆至图纸尺寸,表面粗糙度 Ra0.4
21.0	精抛底径	抛光机	精抛螺棱段底径,表面粗糙度 Ra0.4
21.0	修毛刺		对各处锐边、倒角边进行打磨,除去毛边
22.0	抛亮		用布轮＋绿油对螺杆柄部、螺棱段作抛亮处理
23.0	终检	检验台	依图纸检验,填写检验报告单,出厂编号
24.0	包装入库		清洗螺杆,涂防锈油后用塑料薄膜包装,套防护纸套,木箱内用木片加固;附检验报告单,装箱入库

锥型
双螺杆示意图

【拓展知识】

一、双螺杆挤出机的原理知识简介

首先,双螺杆挤出机具有单螺杆挤出机的特点:固体输送、熔融、增压和泵送、混合、汽提和脱挥发分,但又具有许多独特的优势。双螺杆挤出理论的研究开始较晚,外加类型较多,螺杆几何形状复杂和挤出过程复杂,给研究带来了诸多困难。

综合来看,双螺杆挤出理论的研究尚处于初始阶段,存在"技艺多于科学"的情况。它的挤出过程的研究大概分三个环节。

1. 研究聚合物在挤出过程中物态变化规律、输送原理、固体和熔体的输送、排气真实情况和规律,并建立起数学物理模型,用来指导双螺杆挤出机的设计和挤出过程的优化。

2. 弄清两种以上的聚合物及物料在挤出过程中物态变化真实情况、混合形态、结构变化的过程,以及混合物与性能的关系。

3. 研究双螺杆挤出机挤出反应成型时的反应过程、速度、性能与螺杆构型、操作条件之间的内在联系,并建立模型指导反应成型挤出。

双螺杆挤出机在 20 世纪 30 年代首先在意大利研制成功,60 年代末 70 年代初发展迅速。啮合异向双螺杆是随 RPVC 制品发展起来的,而啮合同向是随聚合物改性发展起来的。根据世界范围内形成的共识,双螺杆挤出理论的研究目前还不能满足应用的发展,现成为研究的热点。

二、双螺杆挤出机挤出成型理论

与单螺杆挤出过程类似,双螺杆挤出过程也可分加料和固体输送、熔融及熔体输送三个阶段。但双螺杆挤出机的工作原理与单螺杆挤出机完全不同。一方面,双螺杆挤出机为正向输送,强制推向物料前进。另一方面,双螺杆挤出机在两根螺杆的啮合处对物料产生强烈剪切作用,增加了物料的混合与塑化效果。

当螺杆同向旋转时,一根螺杆的螺齿像楔子一样伸入到另一螺杆的螺槽中,物料基本不能由该螺槽继续进入到邻近的螺槽中去,只能被迫由一根螺杆的锯槽流到另一根螺杆的螺槽中去。这使得物料在两根螺杆之间被反复强迫转向,受到了良好的剪切混合作用。如果螺杆反向旋转,则物料必然要经过夹口,此时物料就像通过两辊的辊隙,剪切效果更好。

学习活动 4　明确 SJSZ65/132 锥型双螺杆机筒的加工内容

【学习目标】

1. 能独立阅读生产任务单,明确工时、加工数量等要求

2. 能识读图样,明确加工技术要求

3. 能根据图样,正确选择加工刀具,能查阅切削手册正确选择切削用量

4. 能根据现场条件,查阅相关资料,确定符合加工技术要求的工、夹、量具

【学习过程】

一、阅读 SJSZ65/132 锥型双螺杆机筒生产任务单(表 4-4)。

请仔细阅读 SJSZ65/132 锥型双螺杆机筒生产任务单,并完成习题。

表 4-4　生产任务单

需求方单位名称				完成日期	年　月　日	
序号	产品名称	材料	数量	技术标准、质量要求		
1	SJSZ65/132 锥型双螺杆	38CrMoAlA	1	按图样要求		
2						
3						
4						
生产批准时间		年　月　日	批准人			
通知任务时间		年　月　日	发单人			
接单时间		年　月　日	接单人		生产班组	铣工组

1. 本生产任务需要加工零件的名称:_____;材料:_____;加工数量:_____。

2. 对 SJSZ65/132 锥型双螺杆机筒(图 4-6)的材料有哪些要求?

图 4-6　锥型双螺杆机筒

二、 SJSZ65/132锥型双螺杆机筒镗孔图与零件图

请仔细阅读SJSZ65/132锥型双螺杆筒镗孔图和零件图（图4-7，4-8），并完成习题。

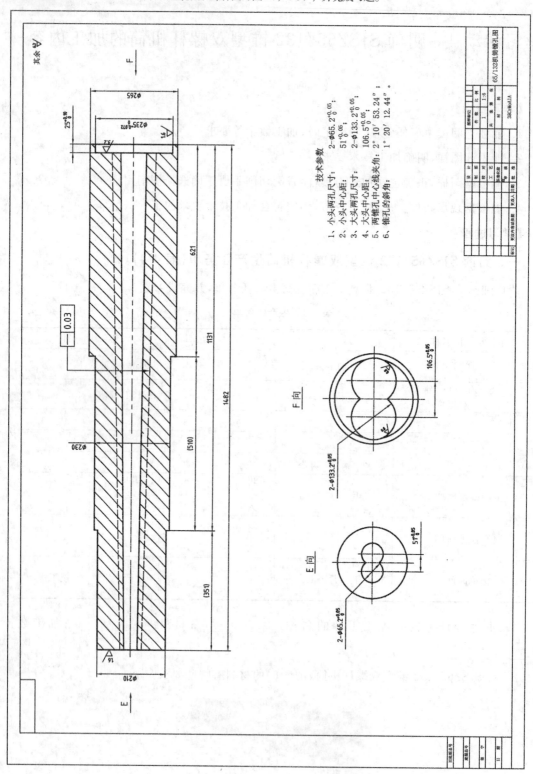

图4-7　SJSZ65/132锥型双螺杆机筒镗孔图

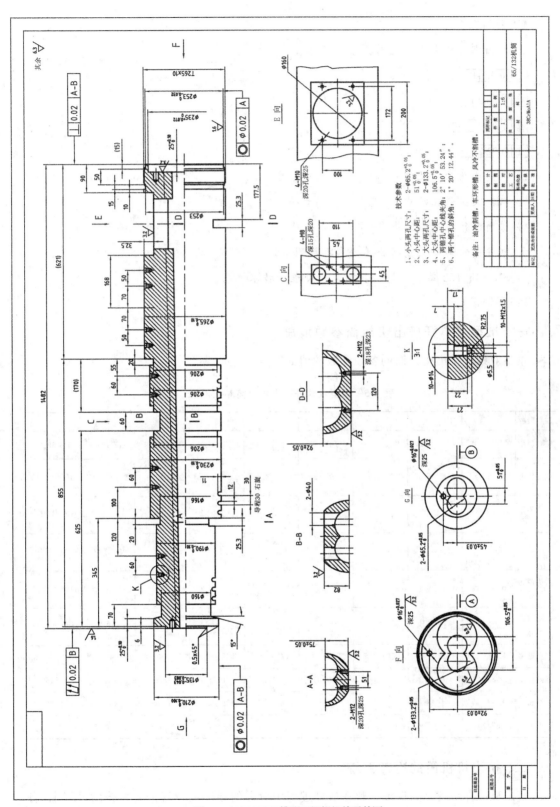

图4-8　SJSZ65/132锥型双螺杆机筒零件图

【巩固习题】

1. 写出零件图中下列几何公差的具体含义。

| ⌓ | 0.02 | B |

| ◎ | F 0.02 | A |

| ◎ | F 0.02 | A-B |

| ⊥ | 0.02 | A-B |

2. 机筒小头两孔尺寸＿＿＿＿＿＿＿＿＿＿，小头中心距＿＿＿＿＿＿＿＿＿＿。

3. 机筒大头两孔尺寸＿＿＿＿＿＿＿＿＿＿，大头中心距＿＿＿＿＿＿＿＿＿＿。

4. 机筒两锥孔中心线夹角＿＿＿＿＿＿＿＿＿＿。

5. 零件图中哪些尺寸有公差要求？请列举。

6. SJSZ65/132 锥型双螺杆机筒氮化处理的技术要求。

【拓展知识】

一、锥型双螺杆挤出机机筒参数汇总

锥型双螺杆挤出机机筒的各项参数取值如表 4-5 所示。

表 4-5　锥型双螺杆挤出机机筒参数汇总

加热段数	3	4	4	5	4	6	6	5	
锥孔斜角	1°19′38.45″	1°18′21.11″	1°29′5.97″	1°18′7.03″	1°20′12.44″	1°26′51.31″	1°12′2.99″	1°27′13.54″	1°5′59.8″
中心线夹	2°10′29.27″	2°35′56.1″	2°58′4.77″	2°36′7.52″	2°10′53.24″	2°23′14.86″	2°0′38.96″	2°24′51.42″	1°52′3.57″
大头中心距	$61.14^{+0.05}_{0}$	$81.8^{+0.05}_{0}$	$92.44^{+0.05}_{0}$	$98.99^{+0.05}_{0}$	$106.5^{+0.05}_{0}$	$119.6^{+0.05}_{0}$	$127.59^{+0.05}_{0}$	$142^{+0.05}_{0}$	$154.81^{+0.05}_{0}$
小头中心距	$30^{+0.05}_{0}$	$36.5^{+0.05}_{0}$	$38^{+0.05}_{0}$	$44^{+0.05}_{0}$	$51^{+0.05}_{0}$	$54.1^{+0.05}_{0}$	$63.7^{+0.05}_{0}$	$64^{+0.05}_{0}$	$72.8^{+0.05}_{0}$
大头两孔尺寸	$\phi75^{+0.05}_{0}$	$\phi90.5^{+0.05}_{0}$	$\phi105.44^{+0.05}_{0}$	$\phi110^{+0.05}_{0}$	$\phi133.2^{+0.05}_{0}$	$\phi147.6^{+0.05}_{0}$	$\phi156.5^{+0.05}_{0}$	$\phi173.9^{+0.05}_{0}$	$\phi188.78^{+0.05}_{0}$
小头两孔尺寸	$\phi37^{+0.05}_{0}$	$\phi45^{+0.05}_{0}$	$\phi51^{+0.05}_{0}$	$\phi55^{+0.05}_{0}$	$\phi65.2^{+0.05}_{0}$	$\phi68.2^{+0.05}_{0}$	$\phi80.2^{+0.05}_{0}$	$\phi80^{+0.05}_{0}$	$\phi92.2^{+0.05}_{0}$
T 型螺纹	M160×2.5	T220×6	T235×6	T240×6	T265×10	T320×12	T320×12	T360×12	T390×12
有效长度	820	998	1050	1210	1457	1571	1820	1850	2515
总长	820	1018	1070	1230	1482	1571	1850	1850	2525
类型	37/75	45/90	51/105	55/110	65/132	68/146	80/156	80/172	92/188

二、挤出机机筒的冷却系统

挤出机冷却系统是为保证塑料在成型过程中所需的温度而设置的。在挤出过程中，有时螺杆回转生成的摩擦剪切热比物料所需的热量多，会使物料温度过高，引起物料（特别是热敏性塑料)分解,甚至难以成型。为了排除过多的热量,必须对机筒和螺杆进行冷却。因此在料斗座和加料段设冷却系统的目的就是为了加强固体输送作用。

现代挤出机的机筒均设有冷却系统,冷却方法有风冷和水冷两种。如用水冷,机筒表面要加工螺旋状的沟槽,以缠绕冷却水管。若用风冷,机筒表面也要形成一定的通道,以便冷风均匀地通过机筒表面。风冷介质却主要采用空气,从冷却效果来看空气冷却比较柔和,但冷却速度较慢。由于需配备鼓风机等设备,故其设备成本较高。另外风冷却系统体积庞大,冷却效果受外界气温的影响。水冷却通常采用自来水,因此所用装置简单,冷却速度较快,但易造成急冷,而且自来水一般未经软化,水管易出现结垢和锈蚀现象,降低冷却效果,故完善的水冷却系统的所用水应经过化学处理。水冷却一般用于大型挤出机。

三、挤出机机筒的加热系统

挤出机加工过程中的物料温度与很多因素相关,如螺杆转速、挤出率、周围环境温度以及不同的物料等。挤出温度范围的稳定是挤出成形得以进行的必要条件。

挤出过程中物料获得的热量来自两个方面,一方面来自外加热器的供给,另一方面来自物料在挤压系统中由剪切、摩擦所产生的热量。前者由外部供给能量转化而来,后者由螺杆上输入的机械能转化而来。这两部分热量所占比例与螺杆、机筒结构、工艺条件、物料性质有关。同时,不同的挤压区段的热量转化也不相同,加料段螺槽较深、物料疏松、摩擦热很少,均化段物料已熔融、温度较高、螺槽较浅、摩擦剪切热较多。此外挤压系统的不同部位对物料的温度要求也不一样,因此必须对挤出机不同部位分别进行加热,才能维持系统在正常温度范围内工作。

1. 挤出机的加热方法

挤出机加热方法通常有三种:载体加热、电阻加热和电感加热。

载体加热是利用载热体(如蒸汽、油液、水等)作为加热介质的加热方法,载体加热温度波动范围较大,不易控制、效率低,目前已较少采用。

电阻加热是利用电流通过电阻较大的导体时产生的热量进行加热的方法,目前应用最为广泛,国产挤出机大多采用电阻加热。其特点是外形尺寸小、重量轻、安装方便,但在机筒的径向上有较大温度梯度,加热时间较长,成本较高。

近年来经常使用的一种改进式电阻加热器——铸铝加热器的效果较好,它将电阻丝装于金属管中,再填以氧化镁粉等绝缘材料后铸入铝合金中。

电感加热则是通过电磁感应在机筒、螺杆内产生涡流发出热量的加热方法。电磁感应加热器有如下特点:机筒直接加热物料、机筒径向上的温度梯度小、预热时间短、温度调节比电阻加热灵敏、温度稳定性好、热效率较电阻加热高、寿命较长,但结构尺寸较大、受线圈绝缘性能的限制、上限温度较低,不能用于成形工作温度较高的情况。

2. 塑料挤出机电磁加热技术的使用

(1)电磁加热节能的工作原理

塑料挤出机的电磁加热器是一种利用电磁感应原理将电能转换为热能的装置。电磁控制器首先将 220V、50/60Hz 的交流电整流变成直流电,然后再将直流电转换成频率为 20～40kHz 的高频高压电。高速转变的高频高压电流流过线圈时会产生高速转变的交变磁场,当磁场内的磁力线经过导磁性金属材料时会在金属体内产生无数小涡流,使金属材料快速发热,从而加热金属材料制成的料筒内的物料。现阶段市场上的塑胶机械所用的加热方式普遍为电热圈加热,它通过接触传导的方式把热量传到料筒上,但只有紧靠料筒表面内侧才能将热量更好地传到料筒上,而外侧的热量大部则分散失到空气中,存在热传导损失,并导致环境温度上升。同时,电阻丝加热功率密度低,无法适应一些需要较高温度的加热场合。而电磁加热技术经过电磁感应原理使金属料筒自身发热,并且可以根据具体情况在料筒外部包裹一定厚度的隔热保温材料,大大减少了热量的散失,提高了热效率,所以节电效果十分显著,可达 30%～75%。另外由于电磁加热圈本身并不发热,而且采用绝缘材料和高温电缆制造,不存在电热圈的电阻丝在高温状态下氧化而缩短使用寿命的问题,具有使用寿命长、升温速率快、无需经常维修等优点,极大地减少了维修时间,降低了成本。该技术现已被广大的塑料制品企业利用,降低了企业的生产成本。

(2)电磁感应加热圈的安装及调试

电磁加热圈的安装及调试相对比较简单。首先将原电热圈取下,在被加热物体上包裹一层隔热保温材料,再将电磁感应加热圈套在被加热物体上,最后将原接电热圈的导线改接到电磁加热控制器上的输入线上即完成安装。为保证原设备改用电磁加热圈后生产工艺和操作程序不变,在设计时应针对两种加热方式性能上的差别,使电磁加热圈降低约 30% 功率使用,并设计功率调整及功率保护功能。此调试过程相当简单,用户可按说明书自行调试。

目前电磁加热圈已在塑料制品、塑料薄膜、管材、型材及类似行业等厂家进行了应用,并取得了较好的效果。因其安装方便、交换性强等优点,已为生产厂家取得了更好的经济效益。

(3)电磁加热圈的主要特点

①采用电磁感应加热方式,安装在加热物体外部,使受电磁感应本体发热。

②热效率高,节电效果好,与目前使用的电热圈相比,节电可达 30% 以上。

③安装方便,具有圆形和开口两种结构,用户可根据具体情况进行选择。

④功率密度大,单个电磁感应加热圈可替代 2～3 个电热圈。

⑤运行成本低、维修量少。

⑥适用范围广,已在塑料注塑机、挤出机、吹膜机、拉丝机、塑料薄膜、管材及线材等机器上成功使用。

学习活动 5　制定 SJSZ65/132 锥型双螺杆机筒的加工工艺

【学习目标】

1. 能识读工艺卡,明确加工工艺

2. 能综合考虑零件材料、刀具材料、加工性质、机床特性等因素,查阅切削手册,确定切削三要素中的切削速度、进给量和切削深度,并能运用公式计算转速和进给量

3. 能正确选择粗、精基准,预留相应加工余量

4. 能查阅相关资料,确定符合加工技术要求的工、量、夹具及加工机床

【学习过程】

阅读表 4-6。

表 4-6　SJSZ65/132 锥型双螺杆机筒的加工工艺

SJSZ65/132 锥双机筒加工工艺		机筒总长:1482mm	材料:38CrMoAlA

工艺过程		加工设备	工序加工内容
序号	工序名称		
1.0	下料	锯床 G5132	圆棒料下料φ275×1495,材质为 38CrMoAlA
2.0	粗车外径	C6150	粗车机筒外径,总长度放余量 5mm,外径余量 3mm

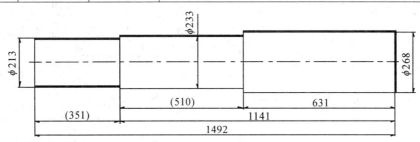

3.0	划线	钳工划线	按图纸要求划两端孔径:小头中心距 50.84mm;大头中心距 106.72mm,两端划线位置保持一致

4.0	钻孔	深孔钻床	按 65/132 机筒镗孔图,钻孔放 5mm 余量
5.0	调质	调质炉/回火炉	900℃保温 2~3 个小时,调质硬度为 HRC29±2
6.0	精车	C6150	按图纸要求加工

SJSZ65/132 锥双机筒加工工艺		机筒总长：1482mm	材料：38CrMoAlA	
工艺过程		加工设备	工序加工内容	
序号	工序名称			

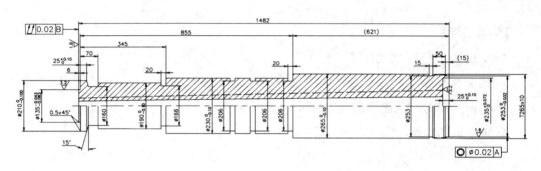

7.0	精镗内孔	专用机床	按 65/132 机筒镗孔图，精镗放 0.10～0.20 余量
8.0	磨内孔	专用磨床	按 65/132 机筒镗孔图，精镗放 0.03～0.05 余量
9.0	粗磨外径	外圆磨床	粗磨外径，外圆留余量 0.02～0.05mm，保证外径跳动 0.03 以内，氮化后精磨
10.0	铣料口、排气孔、支架	万能铣床	按图纸要求加工

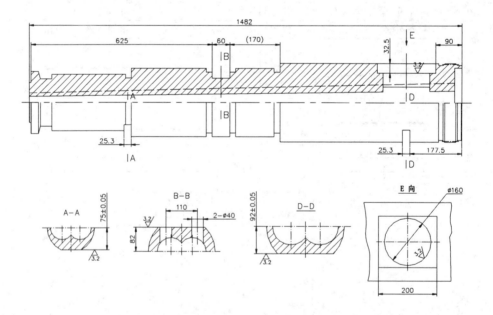

11.0	钻法兰孔、测温孔等孔	摇臂钻床	按图纸要求钻五组测温孔；钻料口上的 4-M10 深 20 孔深 25；钻排气孔上的 4-M8 深 15 孔深 20；钻两处支架座 2-M12；钻两端 φ16＋0.0270 深 25

续表 4-6

SJSZ65/132 锥双机筒加工工艺		机筒总长:1482mm	材料:38CrMoAlA

工艺过程		加工设备	工序加工内容
序号	工序名称		

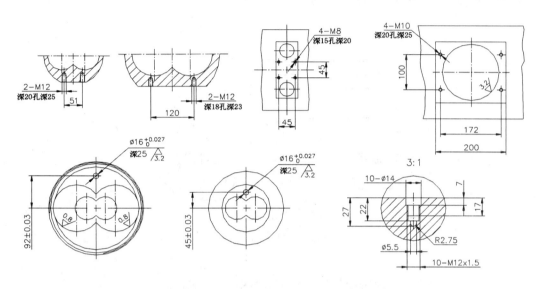

12.0	修角		按图纸要求(料口、排气口)
13.0	非氮化处保护		氮化件必须用汽油认真清洗,去除油渍污垢,擦净吹干,非氮化处涂防氮剂保护
14.0	氮化	渗氮炉	要求垂直悬吊不能碰到其他工件,拍照存档,氮化硬度达到 HV900-1000,脆性不大于 2 级
15.0	精磨内孔	专用磨床	精磨内孔至图示尺寸,保证表面粗糙度 Ra0.4
16.0	精磨外圆	外圆磨床	精磨外圆至图示尺寸,保证表面粗糙度 Ra0.4
17.0	精磨端面	专用磨床	按图纸要求磨机筒两端面
18.0	终检	检验台	依图纸检验,填写检验报告单,出厂编号
19.0	包装入库		清洗机筒,涂防锈油后用塑料薄膜包装,套防护纸套,木箱内用木片加固;附检验报告单,装箱入库
机筒示意图			

【拓展知识】

一、双螺杆机筒的结构

双螺杆挤出机的机筒结构和单螺杆挤出机的机筒结构形式一样,分为整体式机筒和分段组合式机筒,机筒结构形式如图 4-9 所示。

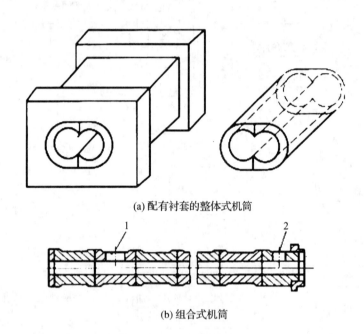

(a) 配有衬套的整体式机筒

1-排气口 2-进料口

(b) 组合式机筒

1-排气口   2-进料口

图 4-9   双螺杆挤出机的机筒结构

在双螺杆挤出机中,啮合异向旋转双螺杆和锥型双螺杆挤出机一般多采用整体式机筒,只有少数大型挤出机为了方便机械加工和节省一些较贵重的合金钢材,采用分段组合式机筒。

啮合同向旋转双螺杆挤出机多数采用分段式机筒,分段式机筒被分成长度相等的几段,不同机筒段上开有加料口、排气口或添加剂口,然后用螺钉将各段连接成双螺杆的组合机筒。

二、双螺杆挤出机的加料装置

根据双螺杆挤出机挤塑原料的特点与工作条件要求,其加料装置应采用强制计量加料方式为机筒供料。强制计量加料装置结构如图 4-10 所示,该供料装置像一台独立工作的单螺杆挤出机,输送原料的螺杆由直流电动机通过蜗杆蜗轮减速箱的输出轴带动,螺杆输送原料的转速、输送料量的大小由双螺杆挤出机的双螺杆工作转速、机筒温度、成型制品用模具内的熔料压力和成型制品的用料量来决定,根据制品用料量的需要可随时调整。加料装置中螺纹杆上的螺纹单头或双头均可,但一般应用较多的为单头螺纹。

如原料为粉状,为防止料斗中原料产生"架桥"现象,应注意在料斗中加装螺旋搅拌装置。

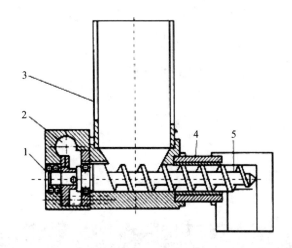

1-螺杆轴承　2-蜗杆蜗轮减速装置　3-料斗　4-机筒　5-螺杆

图 4-10　双螺杆挤出机的加料装置结构

学习活动 6 锥型双螺杆汇总

【学习目标】

1. 掌握 SJSZ55/110 锥型双螺杆的基本知识

2. 掌握 SJSZ80/156 锥型双螺杆的基本知识

【学习过程】

锥型以螺杆如图 4-11。

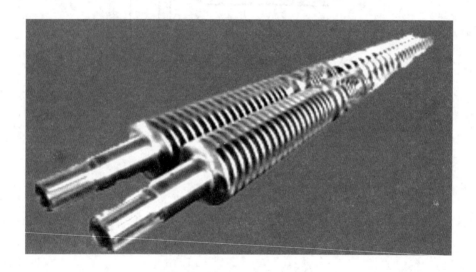

图 4-11 锥型双螺杆

一、 SJSZ55/110锥型双螺杆(图4-12)

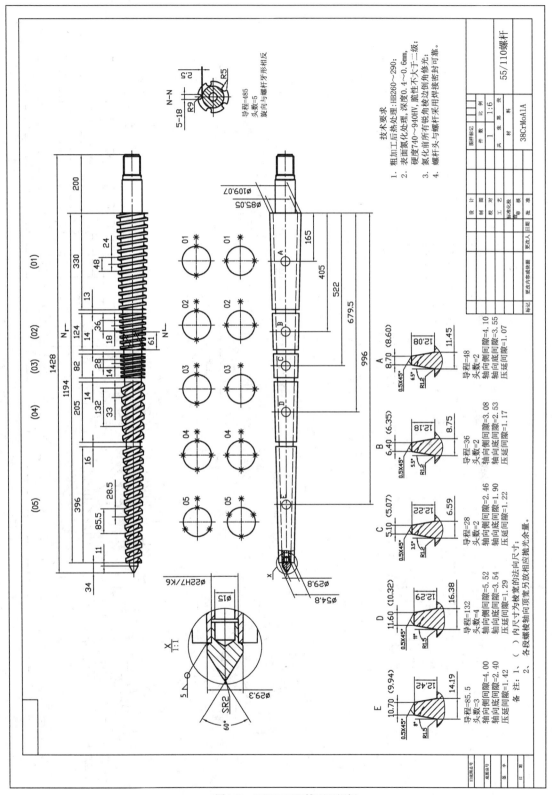

图4-12　SJSZ55/110锥型双螺杆

二、 SJSZ55/110锥型双螺杆机筒（图4-13）

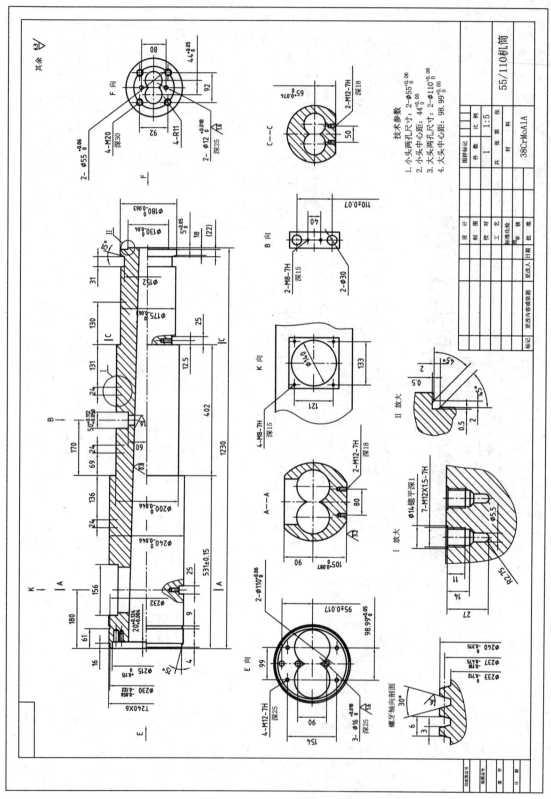

图4-13　SJSZ55/110锥型双螺杆机筒

三、 SJSZ80/156锥型双螺杆（图4-14）

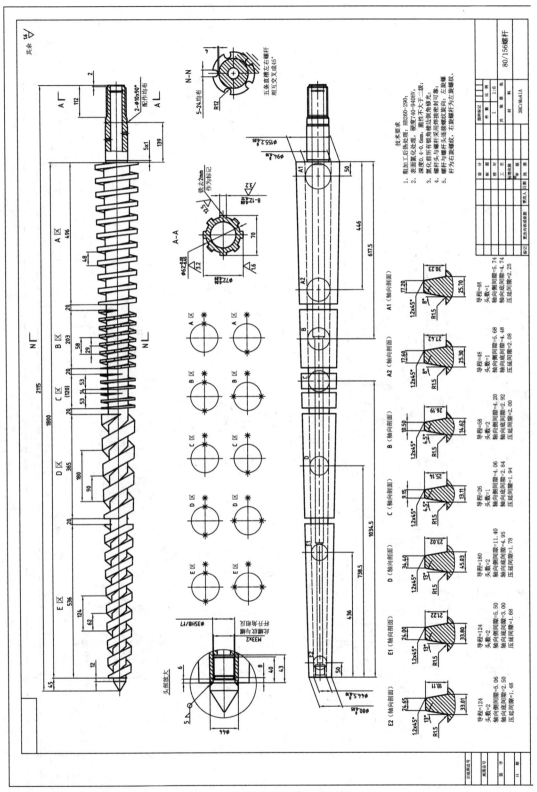

图4-14 SJSZ80/156锥型双螺杆

四、 SJSZ80/156锥型双螺杆机筒（图4-15）

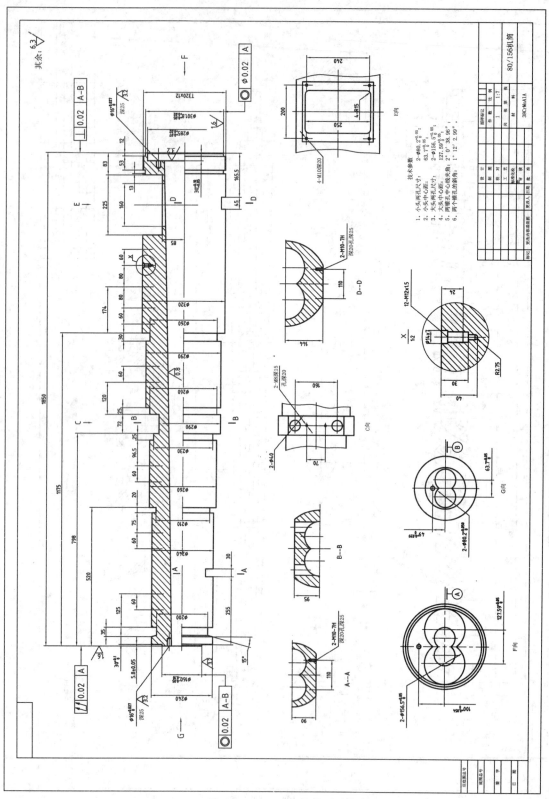

图4-15　SJSZ80/156锥型双螺杆机筒

【拓展知识】

一、锥型双螺杆挤出机大、小端尺寸公差（表 4-7）

表 4-7　锥型双螺杆挤出机大、小端尺寸公差

偏差　　JB/T6492							
螺杆小端公称直径		25	35	45	50	65	80	92
螺杆大、小端	上偏差	0						
	下偏差	−0.04	−0.05	−0.06	−0.08	−0.10	−0.12	

二、锥型双螺杆挤出机的技术参数（表 4-8）

表 4-8　锥型双螺杆挤出机的技术参数

规格 项目	45	50	55	60	65	80	92
螺杆与机筒的径向间隙 δ_{f}	0.10～0.30	0.10～0.30	0.12～0.35	0.14～0.40	0.14～0.40	0.16～0.50	0.18～0.60
螺杆转速 n	4.9～49	0～34	3.4～34	3.8～38	0～34.8	3.7～37	0～40
功率 kW/电流 A	18.5/35.9	18.5/35.9	25/42.5	30/56.8	37/70.4	55/102.5	110/210
产量 kg/h	≥75	90～120	≥140	≥280	≥225	≥360	≥675

三、锥型双螺杆挤出机用于管材挤出时的主要技术参数（表 4-9）

表 4-9　锥型双螺杆挤出机用于管材挤出时的主要技术参数

型号	SJSZ 45/90	SJSZ 51/105	SJSZ 55/110	SJSZ 65/132	SJSZ 80/156	SJSZ 92/188
传动功率（kW）	15	18.5	22	37	55	110
螺杆直径（mm）	$\phi45$ $/\phi90$	$\phi51$ $/\phi105$	$\phi55$ $/\phi110$	$\phi65$ $/\phi132$	$\phi80$ $/\phi156$	$\phi92$ $/\phi188$
螺杆数	2	2	2	2	2	2
转速	45	40	38	38	37	36
螺杆扭矩 Nm	3148	6000	7000	10000	14000	32000
挤出量 PVC 粉料（kg/h）	70	100	150	250	400	750
中心高	1000	1000	1000	1000	1100	1200
长×宽×高	3360×1290 ×2127	3360×1290 ×2127	3620×1050 ×2157	3715×1520 ×2450	4750×1550 ×2460	6725×1550 ×2814

四、双螺杆塑料挤出机的基本参数

双螺杆挤出机的种类按两根螺杆的旋转方向可分为同向旋转型和异向旋转型,按两根螺杆的中心线是否平行可分为中心线平行型和中心线不平行型。

同向旋转双螺杆挤出机在工作时两根螺杆的旋转方向相同,结构一样,螺纹旋向也相同。按两根螺杆组合时的啮合工作状态,又可将这种螺杆的组合分为非啮合型、部分啮合型和全啮合型(图 4-16)。

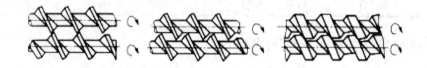

(a)非啮合型 (b)部分啮合型 (c)全啮合型

图 4-16　同向旋转双螺杆的啮合状态

同向旋转双螺杆挤出机的基本参数见表 4-10。

表 4-10　同向旋转双螺杆挤出机的基本参数(JB/T5420-91)

螺杆直径 D/mm	中心距 D/mm	长径比 L/D	螺杆最高转数 n_{max}/(r/min)	电动机功率 /kW	最高产量 Q_{max}/(kg/h)
30	26	23～33		5.5	≥20
34	28	14～28		5.5	≥25
53	48	21～30	300	30	≥100
57					
60	52	22～28		40	≥150
68	60	26～32		55	≥200
72	60	28～32	260	55	≥200
83	76	21～27	300	125	

异向旋转双螺杆挤出机中两根螺杆的工作旋向相反,螺纹旋向一根为左旋,而另一根必须为右旋。按两根螺杆组合时的啮合状态可分为全啮合型和非啮合型。

异向旋转双螺杆挤出机的基本参数见表 4-11。

表 4-11　异向旋转双螺杆挤出机的基本参数(JB/T6491-92)

螺杆与机筒间隙/mm	中心高 h/mm	比功率/[kW/(kg/h)]	比流量 q/[(kg/h)/(r/min)]	产量/(kg/h)					长径比 L/D	螺杆直径 D/mm	中心距/mm	挤出机系列
				造粒 PVC-P	造粒 PVC-U	板材	异型材	管材				
0.2~0.35		0.15	1.6	—	—	—	80	—	—	60	52	65
		0.14	1.89	—	—	—	—	110		65		
0.2~0.38	1000	0.14	5.71	—	—	—	—	160		80	64	80
		0.14	6.07	—	170	—	—	—		80		
		0.15	3.78	—	—	—	120	—	16,18,27	81	70	85
		0.14	5.8	—	—	—	—	200		85		
		0.14	6.12	—	200	—	—	—		85		
		0.14	6.25	300	—	—	—	—		85		
0.3~0.48	1150	0.15	10.4	—	—	—	260	—		105	90	110
		0.14	7.36	—	—	—	—	280		110		
		0.16	5.26	—	—	200	—	—		110		
		0.14	6.25	—	300	—	—	—		110		
		0.14	6.4	350	—	—	—	—		110		
0.4~0.6		0.16	11.5	—	—	—	—	460	—	142	118	140
		0.14	9	—	—	360	—	—				
		0.14	13	—	520	—	—	—				
		0.14	13.33	800	—	—	—	—				

两根螺杆中心线不平行的挤出机也称锥型双螺杆挤出机,啮合型异向旋转锥型双螺杆挤出机的基本参数见表 4-12。

表 4-12　啮合型异向旋转锥型双螺杆挤出机基本参数(JB/T6492-92)

螺杆直径 D/mm	最大最小转速比 (n_{max}/n_{min})	产量(U-PVC)/(kg/h)	实际比功率/[kW/(kg/h)]	比流量/[(kg/h)/(r/min)]	中心高 h/mm
25		≥24		0.3	
35		≥55		1.22	
45		≥70		1.55	
50	≥6	≥120	≤0.14	3.75	1000
65		≥225		6.62	
80		≥360		9.73	
90		≥675		19.3	

注:此锥型双螺杆挤出机以加工硬质聚氯乙烯管材、板材和异型材造粒为主。

五、双螺杆挤出机的分类

双螺杆挤出机的种类很多,可从不同角度进行分类,如两根螺杆是否啮合,啮合区螺槽开放或封闭,两根螺杆的旋转方向是否相同,螺杆为圆柱形还是锥形,以及两螺杆轴线是平行还是相交等等。

1. 非啮合与啮合型双螺杆挤出机

非啮合型双螺杆挤出(non-itermeshing twin screw extruder)也叫外径接触式或相切式双螺杆挤出机。它的两根螺杆轴线分开的距离 I 至少等于两根螺杆的外半径 R_i 之和,即 $I > R_1 + R_2$。有人也把这种双螺杆挤出机叫作 doubleextruder,以表示与常用的双螺杆挤出机(twin screw extruder)之间的区别。

啮合型双螺杆挤出机(intermeshing twin screw extruder)的两根螺杆轴线间的距离小于两根螺杆外半径 R_i 之和,即 $I < R_1 + R_2$。因一根螺杆的螺棱插到另一根螺杆的螺槽中而被称为啮合型双螺杆挤出机。根据啮合程度的不同,又分全啮合型、部分啮合型和不完全啮合型。所谓全啮合型是指一根螺杆的螺棱顶部与另一根螺杆的螺槽根部之间不留任何间隙(指几何设计上,非制造装配上),即 $I = R_0 + R_i$(式中 R_0 为螺杆根部半径)。所谓部分啮合型或不完全啮合型,是指一根螺杆的螺棱顶部与另一根螺杆的螺槽根部之间在几何上留有间隙(或通道)。

2. 开放与封闭型双螺杆挤出机

开放和封闭是指啮合区螺槽的情况,即指在两根螺杆啮合区的螺槽中,物料是否沿着螺槽或横过螺槽的可能通道(该通道不包括螺棱顶部和机筒壁之间的间隙或在两螺杆螺棱之间由于加工误差所带来的间隙)前进。据此可以分为纵向开放或封闭、横向开放或封闭等几种情况。如果在入口(加料口)到出口(螺杆末端)之间存在通道,物料可由一根螺杆流到另一根螺杆(即沿着螺槽有流动),称为纵向开放。反之,则称为纵向封闭。纵向封闭意味着两根螺杆上各自形成若干个相互不通的腔室,一根螺杆的螺槽完全被另一根螺杆的螺棱所堵死。在两根螺杆的啮合区,若物料有横过螺棱的通道,就可以从同一根螺杆的一个螺槽流向相邻的另一个螺槽,或从一根螺杆的一个螺槽中流到另一根螺杆的相邻两个螺槽中,这被称作横向开放,反之称作横向封闭。横向开放与纵向开放存在联系,不难想象,如果横向开放,纵向也必然开放。

3. 同向和异向旋转双螺杆挤出机

同向旋转双螺杆挤出机的两根螺杆的旋转方向相同,从螺杆外形来看,同向旋转的两根螺杆完全相同,螺纹方向一致。异向旋转双螺杆挤出机两根螺杆旋转方向相反,分向内旋转和向外旋转两种情况。因物料自加料口加入后在两根螺杆的推动下进入啮合区的两根螺杆的径向间隙之间,可能在上方形成料堆从而减少了可以利用的螺槽自由空间,影响接受加料器物料的能力,不利于将螺槽尽快充满并使物料向前输送,加料性能不好,还易形成架桥。同时,进入两螺杆径向间隙的物料存在一股将两根螺杆分开的力,将螺杆压向机筒壁,加快了螺杆和机筒的磨损。所以目前向内旋转较少使用。而向外旋转则无上述缺点,物料在两根螺杆的带动下,很快向两边分开并充满螺槽,且很快与热机筒接触吸收热量,有助于将物料加热、熔融。从外形上看,异向旋转的两根螺杆螺纹方向相反,两者对称。

4. 平行和锥型双螺杆挤出机

按两螺杆轴线是否平行可将双螺杆分为平行双螺杆挤出机(图 4-17)和锥型双螺杆挤出机(图 4-18)。锥型双螺杆的螺纹分布在锥面上,两螺杆轴线成一交角,一般情况下作异向旋转。

在塑料改性中绝大部分选用的是啮合型同向平行双螺杆挤出机,但根据原料情况也可以选用锥型双螺杆挤出机。

图 4-17　平行异向双螺杆挤出机

图 4-18　SJSZ 锥型双螺杆挤出机

六、双螺杆塑料挤出机性能的提高

1. 提高生产效率

提高生产效率是新型同向旋转双螺杆挤出机开发研制的重要目标之一,它可以通过提高螺杆转速、增强塑化和混合能力等途径来实现。

在相同螺杆转速下,增大螺槽的深度可使输送量大幅度增加。与此同时要求螺杆的塑化和混合能力也相应增大,这就要求螺杆能够承受更大的扭矩。在螺杆高转速条件下,物料在挤出机内的停留时间减少,可能使物料塑化熔融、混炼不够充分。为此需要适当增加螺杆长度,但又必然导致双螺杆挤出机实际承载扭矩和功率的增加。

增大螺槽自由容积也是一个有效的方法。在加料段和脱挥段,螺纹具有较大自由容积是非常必要的。对于松密度物料来说,增大加料段自由容积和物料在螺槽中的充满程度,可大幅度提高挤出机的生产能力。

提高扭矩和转速,需对减速分配箱进行精心设计。要大幅度地提高设备的扭矩指标,将对传动箱的设计和制造水平提出更高的要求。扭矩越高,传动箱中齿轮、输出轴以及轴承等零件的设计、制造精度、材质强度和热处理要求就越高,同时对螺杆的芯轴、螺纹元件和捏合盘等零件的设计制造精度要求也更高。由于要增大螺纹的自由容积,在螺杆外径不变的情况下,两螺杆中心距将减小,这将使配比齿轮和止推轴承安装空间不够的问题变得更为突出。

2. 提高产品质量

要得到高质量的产品,挤出机核心部件——塑化系统的设计关系重大。

塑化系统主要包括螺杆和机筒,为适应多种加工要求,通常将螺杆和机筒设计成积木式组合结构。按照各段的功能可将螺杆分成加料段、塑化段、混炼段、排气段和挤出段。这些区段结构各不相同,在挤出过程中发挥不同的功能,与之相配螺杆的几何参数也各不相同,因此如何确定螺纹的几何参数成为塑化系统设计的关键。

对同向旋转双螺杆来说,中径比(即两螺杆中心距与螺杆半径之比)、螺纹头数以及螺纹顶角之间存在一定的关系,不可随意设计,否则会发生两螺杆之间的干涉。为解决这一问题,根据两螺杆的运动轨迹得到螺杆的理论端面曲线并利用大型计算机辅助设计(CAD)软件的三维实体造型功能,编制了双螺杆几何造型程序,实现了双螺杆的三维实体图形显示,得到了各类规格自清式螺纹元件的几何参数,并检验了两螺杆的啮合情况。此外,还结合工程实践,借助计算机完成了有间隙双螺杆的三维实体造型,可以用于检验两螺杆的间隙是否均匀,使物料在螺杆运动中无死角,保证了螺杆具有较强的自清能力,有效地防止物料在机内停留时间过长而降解。这无疑为制造高档、优质的塑料产品提供了良好的加工手段。

随着螺杆转速的提高,物料在挤出机内的停留时间缩短,为了使物料能得到更充分的塑化和混合,并能使物料温度的上升过程变得缓和,得到高质量的产品,除了需要进行螺杆的优化组合外,还需要增加螺杆的长径比。但L/D的增大,对机器的制造精度、驱动功率以及螺杆芯轴的承载扭矩的要求也相应提高,要求有更高的制造技术和结构设计水平。

此外,对排气段螺纹元件进行优化组合、在排气口前设立建压元件以及采用大导程螺纹元件,也可以提高脱挥效率。另外,在机头与挤出机间采用熔体齿轮泵建压,可使挤出机计量段末端压力降低,螺杆有效充满长度缩短,有效排气长度增加,在一定程度上提高排气效果。

3. 实现多功能化

随着双螺杆挤出机的工艺用途越来越广泛,在挤出机内除了要完成一般的加料、输送、压缩、塑化、混炼、排气、均化等工序外,往往还要求完成脱水、干燥、降解、反应挤出等多种工艺,并要求双螺杆挤出机具有多路喂料和多级排气等功能。为了满足用户的不同工艺要求以及快速更新产品的期望,在塑化系统的设计过程中要着重于不同螺纹元件、机筒以及加料系统的开发工作。在四类螺杆元件的不同组合外,还需设计不同类型的机筒,除在塑化、熔融和均化段的一般的封闭机筒外,还需带上开口加料、带有侧开口加料、玻纤和抽真空等机筒。

加料机筒的加料口设计为楔形间隙形式,在加料口的侧壁与螺杆表面形成一个直通加料口底部中心的楔形间隙,使物料能够顺利地被旋转并带入挤出机内。侧向加料机筒是为加入炭黑等难加物料或不宜在螺杆内停留时间过长的易分解助剂而设计的,而辅加料机筒是为加入玻璃纤维等添加剂而设计的。排气机筒的排气口垂直向上,其中心线沿螺杆旋转方向偏离机筒中心线一定距离,从而减小物料因离心力的作用而被转动的螺杆从排气口甩出的可能性。

自清、高容积同向旋转双螺杆定量加料器与侧向加料器液体注入器配合,可以得到比常规经搅拌器预混合后与基料一起通过主加料口加入双螺杆挤出机工艺更好的混合质量,并能在一定程度上提高产量。

多路排气装置,如自然排气和抽真空排气系统,将混合过程中的挥发分排出。使用多级排气口排出大量的挥发气体,可以将聚合和混合的中间步骤省略,提高生产效率。

具有多路喂料和多级排气的挤出机的长径比要大,为36～48,并应能根据用户的加工工艺要求进行自由调节。

机筒和螺杆要求具有较好的耐磨性能,螺纹元件和混炼元件需采用高耐磨硬质合金制造。当用于玻璃纤维的增强加工时,可比常用的氮化钢寿命长6～8倍。机筒可采用双金属衬套提高耐磨性,延长使用寿命。双金属衬套是在普通钢材或低合金钢的简体内壁复合一层厚1.5～2.0mm 的 SL100 高耐磨型合金,再经特殊机械加工而成,合金层硬度可达HRC58-6。

学习任务五　常用塑料的基本知识

学习目标

1. 了解常用塑料的典型应用范围
2. 了解常用塑料的化学和物理特性
3. 了解塑料的缩写代号
4. 了解塑料的原文全名
5. 了解塑料的中文全名

建议学时

8 学时

工作情景描述

　　塑料是指以高分子量的合成树脂为主要组分,加入适当添加剂如增塑剂、稳定剂、阻燃剂、润滑剂、着色剂等,经加工成型的塑性(柔韧性)材料或固化交联形成的刚性材料。塑料是 20 世纪的产物,自从它被发明以来在各方面的用途日益广泛。

　　操作者应了解常用塑料的典型应用范围及化学和物理特性、塑料的缩写代号、原文全名和中文全名等基本知识。

工作流程与活动

学习活动 1　常用塑料的典型应用及化学物理特性(4 学时)
学习活动 2　塑料的缩写代号与中文名称对照表(4 学时)

学习活动 1　常用塑料的典型应用及化学物理特性

【学习目标】

1. 了解常用塑料的典型应用范围
2. 了解常用塑料的化学和物理特性

【学习过程】

1. ABS(丙烯腈-丁二烯-苯乙烯共聚物)

典型应用范围：

汽车(如仪表板、工具舱门、车轮盖、反光镜盒等)、电冰箱、大强度工具(如头发烘干机、搅拌器、食品加工机、割草机等)、电话机壳体、打字机键盘、娱乐用车辆(如高尔夫球手推车以及喷气式雪橇车)等。

化学和物理特性：

ABS 是由丙烯腈、丁二烯和苯乙烯三种化学单体合成，每种单体都具有不同特性，丙烯腈有高强度、热稳定性及化学稳定性，丁二烯具有坚韧性、抗冲击的特性，苯乙烯具有易加工、高光洁度及高强度的特性。从形态上看，ABS 是非结晶性材料，三种单体的聚合产生了具有两相的三元共聚物，一个是苯乙烯-丙烯腈的连续相，另一个是聚丁二烯橡胶分散相。ABS 的特性主要取决于三种单体的比率以及两相中的分子结构。因此在产品设计上具有很大的灵活性，并由此产生了上百种不同品质的 ABS 材料。这些不同品质的材料提供了不同的特性，如从中等到高等的抗冲击特性、从低到高的光洁度和高温扭曲特性等。ABS 材料具有超强的易加工性、外观特性、低蠕变性、优异的尺寸稳定性以及很高的抗冲击强度。

2. PA6 聚酰胺 6 或尼龙 6

典型应用范围：

机械强度和刚度较好，被广泛用于结构部件的制造，且耐磨损性较好，还可用于制造轴承。

化学和物理特性：

PA6 的化学物理特性和 PA66 很相似，但其熔点较低，而且工艺温度范围更宽。它的抗冲击性和抗溶解性比 PA66 更好，吸湿性也更强。由于塑件的许多品质特性都受到吸湿性的影响，因此使用 PA6 设计产品时应充分考虑该特性。为了提高 PA6 的机械特性，经常加入各类改性剂。玻璃是最常见的添加剂，有时为了提高抗冲击性还会加入合成橡胶，如 EP-DM 和 SBR 等。对于没有加入添加剂 PA6 产品，其收缩率在 1% 到 1.5% 之间，加入玻璃纤维添加剂可使收缩率降低到 0.3%（但和流程相垂直的方向要稍高）左右。成型组装的收缩率主要受材料的结晶度和吸湿性影响，实际的收缩率还和塑件设计、壁厚及其他工艺参数成一定的函数关系。

3. PA12 聚酰胺 12 或尼龙 12

典型应用范围：

水量表和其他商业设备，如电缆套、机械凸轮、滑动机构以及轴承等。

化学和物理特性：

PA12 是从丁二烯线性半结晶-结晶热塑性材料，其特性和 PA11 相似，但晶体结构不同。PA12 是很好的电气绝缘体，和其他聚酰胺一样不会因潮湿影响绝缘性能。它还具有有很好的抗冲击性和化学稳定稳定性。PA12 有许多塑化特性和增强特性方面的改良品种。和 PA6 及 PA66 相比，这些材料有较低的熔点、密度和较高的回潮率。PA12 对强氧化性酸无抵抗能力，其黏性主要取决于湿度、温度和储藏时间。它的流动性很好，收缩率主要取决于材料品种、壁厚及其他工艺条件，一般在 0.5% 到 2% 之间。

4. PA66 聚酰胺 66 或尼龙 66

典型应用范围：

同 PA6 相比，PA66 被更广泛应用于汽车工业、仪器壳体以及其他需要有抗冲击性和高强度要求的产品。

化学和物理特性：

PA66 在聚酰胺材料中有较高的熔点，是一种半晶体-晶体材料，它在较高温度也能保持较强的强度和刚度。PA66 在成型后仍然具有吸湿性，其程度主要取决于材料的组成、壁厚以及环境条件。在产品设计时，一定要考虑吸湿性对产品结构稳定性的影响。为了提高 PA66 的机械特性，经常加各类改性剂，如玻璃就是最常见的添加剂，有时为了提高抗冲击性还加入合成橡胶，如 EPDM 和 SBR 等。PA66 的黏性较低，因此流动性很好（但不如 PA6），利用该性质可加工很薄的元件。它的黏度对温度变化很敏感，收缩率在 1%~2% 之间，加入玻璃纤维添加剂后可以将收缩率降低到 0.2%~1%。收缩率在流程方向和与流程方向相垂直方向上的相异较大。PA66 对许多溶剂具有抗溶性，但对酸和其他一些氯化剂的抵抗力较弱。

5. PBT 聚对苯二甲酸丁二醇酯

典型应用范围：

家用器具（如食品加工刀片、真空吸尘器元件、电风扇、头发干燥机壳体、咖啡器皿等）、电器元件（如开关、电机壳、保险丝盒、计算机键盘按键等）、汽车工业（如散热器格窗、车身嵌板、车轮盖、门窗部件等）。

化学和物理特性：

PBT 是最坚韧的工程热塑材料之一,它是半结晶材料,具有非常好的化学稳定性、机械强度、电绝缘特性和热稳定性。该材料在范围很广的环境条件下都有很好的稳定性。PBT 的吸湿特性很弱,非增强型 PBT 的张力强度为 50MPa,玻璃添加剂型的 PBT 张力强度为 170MPa,但玻璃添加剂过多将导致材料变脆。PBT 的结晶很迅速,较容易导致因冷却不均匀而造成的弯曲变形。对于有玻璃添加剂的材料类型,流程方向的收缩率会较小,但与流程垂直方向的收缩率和普通材料基本没有区别。一般材料的收缩率在 1.5%～2.8% 之间,含 30% 玻璃添加剂的材料收缩 0.3%～1.6% 之间。其熔点(225℃)和高温变形温度都比 PET 材料要低,维卡软化温度大约为 170℃,玻璃化转换温度(glass trasitio temperature)在 22℃ ～43℃ 之间。由于 PBT 的结晶速度很快,因此黏性很低,塑件加工的周期时间一般也较低。

6. PC 聚碳酸酯

典型应用范围:

电气和商业设备(如计算机元件、连接器等),器具(如食品加工机、电冰箱抽屉等),交通运输行业(如车辆的前后灯、仪表板等)。

化学和物理特性:

PC 是一种非晶体工程材料,具有特别好的抗冲击强度、热稳定性、光泽度、抑制细菌特性、阻燃特性以及抗污染性。其缺口伊估德冲击强度(otched Izod impact stregth)非常高,并且收缩率很低,一般为 0.1%～0.2%。PC 有很好的机械特性,但流动特性较差,因此这种材料的注塑过程较困难。在选用 PC 材料时,要以产品的最终期望为基准,如果塑件要求有较高的抗冲击性,就应使用低流动率的 PC 材料,反之应使用高流动率的 PC 材料,以此优化注塑过程。

7. PC/ABS 聚碳酸酯和丙烯腈-丁二烯-苯乙烯共聚物和混合物

典型应用范围:

计算机和商业机器的壳体、电器设备、草坪和园艺机器、汽车零件(如仪表板、内部装修以及车轮盖等)。

化学和物理特性:

PC/ABS 具有 PC 和 ABS 两者的综合特性,如 ABS 的易加工特性以及 PC 的优良机械、热稳定性特性,二者的比率将影响 PC/ABS 材料的热稳定性。该这种混合材料还显示了优异的流动特性。

8. PC/PBT 聚碳酸酯和聚对苯二甲酸丁二醇酯的混合物

典型应用范围:

齿轮箱、汽车保险杠和对抗化学反应、耐腐蚀性、热稳定性、抗冲击性以及几何稳定性有要求的产品。

化学和物理特性;

PC/PBT 具有 PC 和 PBT 二者的综合特性,如 PC 的高韧性和几何稳定性以及 PBT 的化学稳定性、热稳定性和润滑特性等。

9. PE-HD 高密度聚乙烯

典型应用范围:

电冰箱容器、存储容器、家用厨具、密封盖等。

化学和物理特性:

PE-HD 的高结晶度使得它具有高密度,抗张力强度,高温扭曲温度,黏性以及化学稳定性。PE-HD 比 PE-LD 有更强的抗渗透性,但 PE-HD 的抗冲击强度较低。PH-HD 的特性主要由密度和分子量分布所控制,适用于注塑模的 PE-HD 分子量分布很窄,密度为 $0.91\sim0.925g/cm^3$ 的 PE-HD 被称为第一类型 PE-HD,密度为 $0.926\sim0.94g/cm^3$ 的 PE-HD 被称为第二类型 PE-HD,密度为 $0.94\sim0.965g/cm^3$,被称为第三类型 PE-HD。该材料的流动特性很好,MFR 为 0.1 到 28 之间,分子量越高,PH-LD 的流动特性越差,但具有更好的抗冲击强度。PE-LD 是半结晶材料,成型后收缩率较高,在 1.5%～4% 之间。PE-HD 很容易发生环境应力开裂现象,可以通过使用很低流动特性的材料减小内部应力的方法减轻开裂现象。当温度高于 60℃ 时 PE-HD 很容易在烃类溶剂中溶解,但其抗溶解性比 PE-LD 要好。

10. PE-LD 低密度聚乙烯

典型应用范围:

碗、箱柜、管道连接器等。

化学和物理特性:

商业用 PE-LD 材料的密度为 $0.91\sim0.94g/cm^3$。PE-LD 对气体和水蒸气具有渗透性,由于其热膨胀系数很高不适合于加工长期使用的制品。若 PE-LD 密度在 $0.91\sim0.925g/cm^3$ 之间,其收缩率 2%～5% 之间,密度在 $0.926\sim0.94g/cm^3$ 之间,收缩率在 1.5%～4% 之间,但实际收缩率还要取决于注塑工艺参数。PE-LD 在室温下可以抵抗多种溶剂,但是芳香烃和氯化烃溶剂可使其膨胀。同 PE-HD 类似,PE-LD 容易发生环境应力开裂现象。

11. PEI 聚乙醚

典型应用范围:

汽车工业(如发动机配件如温度传感器、燃料和空气处理器等)、电器及电子设备(如电气联结器、印刷电路板、芯片外壳、防爆盒等)、产品包装、飞机内部设备、医药行业(如外科器械、工具壳体、非植入器械)。

化学和物理特性:

PEI 具有很强的高温稳定性,即使非增强型的 PEI 仍具有很好的韧性和强度。因此利用 PEI 优越的热稳定性可制作高温耐热器件。PEI 还有良好的阻燃性、抗化学反应以及电绝缘特性,其玻璃化转化温度高达215℃。PEI还具有很低的收缩率及良好的等方向机械特性。

12．PET 聚对苯二甲酸乙二醇酯

典型应用范围:

汽车工业(如结构器件如反光镜盒、电气部件如车头灯反光镜等)、电器元件(如马达壳体、电气联结器、继电器、开关、微波炉内部器件等)、工业应用(如泵壳体、手工器械等)。

化学和物理特性:

PET 的玻璃化转化温度在 165℃ 左右,材料结晶温度范围为 120~220℃。PET 在高温下有很强的吸湿性,玻璃纤维增强型的 PET 材料在高温下还非常容易发生弯曲形变,可通过添加结晶增强剂来提高材料的结晶程度。用 PET 加工的透明制品具有光泽度和热扭曲温度,可以向 PET 中添加云母等特殊添加剂使弯曲变形减小。使用较低模具温度时,使用非填充 PET 材料也可获得透明制品。

13．PETG 乙二醇改性-聚对苯二甲酸乙二醇酯

典型应用范围:

医药设备(如试管、试剂瓶等)、玩具、显示器、光源外罩、防护面罩、冰箱保鲜盘等。

化学和物理特性:

PETG 是透明的非晶体材料,玻璃化转化温度为 88℃。PETG 的注塑工艺条件的允许范围比 PET 要广一些,并具有透明、高强度、高韧性的综合特性。

14．PMMA 聚甲基丙烯酸甲酯

典型应用范围:

汽车工业(如信号灯设备、仪表盘等)、医药行业(如储血容器等)、工业应用(如影碟、灯光散射器)、日用消费品(如饮料杯、文具等)。

化学和物理特性:

PMMA 具有优良的光学特性及耐气候变化特性,白光的穿透性高达 92%。PMMA 制品具有很低的双折射率,特别适合制作影碟等。其具有室温蠕变特性,随负荷加大、时间增长,会产生应力开裂现象。PMMA 还具有较好的抗冲击特性。

15．POM 聚甲醛

典型应用范围:

POM 具有很低的摩擦系数和很好的几何稳定性,特别适合于制作齿轮和轴承。由于它还具有耐高温的特性,因此还用于管道器件(如管道阀门、泵壳体)和草坪设备等领域。

化学和物理特性:

POM 是一种坚韧有弹性的材料,即使在低温下仍有很好的抗蠕变特性、几何稳定性和抗冲击特性。POM 既有均聚物材料特性也有共聚物材料特性,均聚物材料具有很好的延

展强度、抗疲劳强度,但不易于加工,而共聚物材料有很好的热稳定性、化学稳定性并且易于加工。无论均聚物材料还是共聚物材料,均为结晶性材料并且不易吸收水分。POM 的高结晶程度使其具有相当高的收缩率,可达到 2%～3.5%,同时它对于各种不同的增强型材料有不同的收缩率。

16. PP 聚丙烯

典型应用范围:

汽车工业(如主要使用含金属添加剂的 PP、挡泥板、通风管、风扇等)、器械(如洗碗机门衬垫、干燥机通风管、洗衣机框架及机盖、冰箱门衬垫等)、日用消费品(草坪和园艺设备,如剪草机和喷水器等)。

化学和物理特性:

PP 是一种半结晶性材料,它比 PE 要更坚硬并且拥有更高的熔点。由于均聚物型的 PP 在温度高于 0℃ 以上时非常脆,因此许多商业用 PP 材料加入了 1%～4% 乙烯的无规则共聚物或更高含量比率的乙烯钳段式共聚物。共聚物型的 PP 材料有较低的热扭曲温度(100℃)、透明度、光泽度和刚性,但具有更强的抗冲击强度,其强度随着乙烯含量的增加而增大。PP 的维卡软化温度为 150℃,由于结晶度较高,该材料的表面刚度和抗划痕特性很好。PP 不存在环境应力开裂问题,通常采用加入玻璃纤维、金属添加剂或热塑橡胶的方法对 PP 进行改性。PP 的流动率 MFR 范围在 1～40,低 MFR 的 PP 材料抗冲击特性较好但延展强度较低,对于相同 MFR 的材料,共聚物型的强度比均聚物型要高。PP 的收缩率由于结晶会相当高,一般为 1.8%～2.5%,并且收缩率的方向均匀性比 PE-HD 等材料要好得多,加入 30% 的玻璃添加剂后可使收缩率降到 0.7%。均聚物型和共聚物型 PP 材料都具有优良的抗吸湿性、抗酸碱腐蚀性和抗溶解性。然而 PP 对芳香烃(如苯)、氯化烃(四氯化碳)等溶剂没有抵抗力,其也不像 PE 在高温下仍具有抗氧化性。

17. PPE 聚丙乙烯

典型应用范围:

家庭用品(如洗碗机、洗衣机等)、电气设备如控制器壳体、光纤连接器等。

化学和物理特性:

通常商业用 PPE 或 PPO 材料一般都混入了其他热塑型材料如 PS、PA 等,这些混合材料一般仍被称为 PPE 或 PPO。混合型 PPE 或 PPO 比纯净的材料有更优的加工特性,其特性变化依赖于混合物如 PPO 和 PS 的比率。混入了 PA66 的混合材料在高温下具有更强的化学稳定性,该种材料的吸湿性很小,其制品具有优良的几何稳定性。混入了 PS 的材料为非结晶性,而混入了 PA 的材料为结晶性。加入玻璃纤维添加剂可以使材料的收缩率减小到 0.2%。这种材料还具有优良的电绝缘特性和很低的热膨胀系数,其黏性取决于材料中混合物的比率,如 PPO 的比率增大将导致黏性的增加。

18．PS 聚苯乙烯

典型应用范围：

产品包装、家庭用品（如餐具、托盘等）、电气（如透明容器、光源散射器、绝缘薄膜等）。

化学和物理特性：

大多数商业用的 PS 都是透明的非晶体材料，具有非常好的几何稳定性、热稳定性、光学透过特性、电绝缘特性以及很微小的吸湿倾向。它能够抵抗水、稀释的无机酸，但可被强氧化酸如浓硫酸所腐蚀，并且会在一些有机溶剂中膨胀变形。其典型收缩率在 0.4%～0.7%之间。

19．PVC 聚氯乙烯

典型应用范围：

供水管道、家用管道、房屋墙板、商用机器壳体、电子产品包装、医疗器械、食品包装等。

化学和物理特性：

刚性 PVC 是使用最广泛的塑料材料之一，它是一种非结晶性材料。PVC 材料在实际使用中经常加入稳定剂、润滑剂、辅助加工剂、色料、抗冲击剂及其他添加剂。其具有不易燃性、高强度、耐气侯变化性以及优良的几何稳定性。PVC 对氧化剂、还原剂和强酸都有很强的抵抗力，但它能够被浓氧化酸如浓硫酸、浓硝酸所腐蚀，且也不适用于与芳香烃、氯化烃接触的场合。PVC 在加工时的熔化温度是一个非常重要的工艺参数，此参数如果选取不当将导致材料分解问题。PVC 的流动特性相当差，其工艺范围很窄，特别是大分子量的 PVC 材料更难被加工（这种材料通常要加入润滑剂以改善流动特性），因此通常使用均为小分子量的 PVC 材料。PVC 的收缩率相当低，一般为 0.2%～0.6%。

20．SA 苯乙烯-丙烯腈共聚物

典型应用范围：

电气（如插座、壳体等）、日用商品（如厨房器械、冰箱装置、电视机底座、卡带盒等）、汽车工业（如车头灯盒、反光镜、仪表盘等）、家庭用品（如餐具、食品刀具等）、化妆品包装等。

化学和物理特性：

SA 是一种坚硬、透明的材料，苯乙烯成分使 SA 坚硬、透明并易于加工，丙烯腈成分使 SA 具有化学稳定性和热稳定性。SA 具有很强的承受载荷的能力、抗化学反应能力、抗热变形特性和几何稳定性。SA 中加入玻璃纤维添加剂可以增加强度和抗热变形能力，减小热膨胀系数。SA 的维卡软化温度约为 110℃，载荷下挠曲变形温度约为 100℃，其收缩率约为 0.3%～0.7%。

【巩固习题】

1. 简述 PVC(聚氯乙烯)的典型应用范围及其化学和物理特性。

2. 简述 PP(聚丙烯)的典型应用范围及其化学和物理特性。

3. 简述 ABS(丙烯腈-丁二烯-苯乙烯共聚物)的典型应用范围及其化学和物理特性。

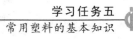

学习活动 2　塑料的缩写代号与中文名称对照表

【学习目标】

1. 了解塑料的缩写代号

2. 了解塑料的原文全名

3. 了解塑料的中文全名

【学习过程】

阅读表 5-1。

表 5-1　塑料的缩写代号

缩写代号	原文全名	中文全名
AAS	Acrylnitril-Acrylicester-Styrene Copolymer	丙烯腈、丙烯酸酯、苯乙烯共聚物
ABR	（参见 AR）Acrylester-Butadiene Rubber（ASTM）	丙烯酸酯-丁二烯橡胶
ABS	Acrylonitrile-Butadiene-Styrene Copolymer（GB,DIN,ASTM,ISO）	丙烯腈-丁二烯-苯乙烯共聚物
ACM	（参见 AR）Acrylester-2-Chlorovinylether rubber（ASTM）	丙烯酸酯-2-氯乙烯醚橡胶
ACS	SAN blend with chlorinated polyethylene	苯乙烯、丙烯腈与氯化聚乙烯混合物
ALK	Alkyd Resin	醇酸树脂
AMMA	Acrylnitril-Methylmethacrylate Copolymer（GB,DIN,ISO）	丙烯腈、甲基丙烯酸甲酯共聚物
ANM	（参见 AR）Acrylester-Acrylnitril Rubber（ASTM）	丙烯酸酯丙烯腈橡胶
AP	（参见 APK,EPM,EPR）Ethylene-Propylene Rubber	乙丙橡胶
AP	（参见 APK,EPM,EPR）Ethylene-Propylene Rubber	乙丙橡胶
APK	（参见 AP,APT,EPM,EPR）Ethylene-Propylene Rubber	乙丙橡胶

续表 5-1

缩写代号	原文全名	中文全名
APT	（参见 EPDM,EPT,EPTR） Ethylene-Propylene Terpolymerisate Rubber	三元乙丙橡胶
AR	（参见 ABR,ACM,ANM）Acrylester Rubber(BS)	丙烯酸酯橡胶
ASA	Acrylonitril-Styrene-Acrylate Copolymer(GB,DIN)	丙烯腈、苯乙烯、丙烯酸酯共聚物
ASE	Alkylsulfonic Acid Ester(ISO)	烷基磺酸酯
AU	Polyester based Polyurethane Rubber(ASTM)	聚酯型聚氨酯橡胶
BBP	Benzyl Butyl Phthalate(DIN,ISO)	邻苯二酸丁酯苯酯
BOA	Benzyl Octyl Adipate(ISO)	己二酸辛酯苄酯
BR	Polybutadiene Rubber(ASTM)	聚丁二烯橡胶
Butyl	（参见 IIR,PIBI）Butyl Rubber(BS)	丁基橡胶
CA	1. Cellulose Acetat(GB,DIN,ASTM,ISO) 2. Acetate Rayon	乙酸纤维素 醋纤人造丝
CAB	Cellulose Acetate Butyrate(GB,DIN,ASTM,ISO)	乙酸丁酸纤维素
CAP	Cellulose Acetate Propionte(GB,DIN,ASTM)	乙酸丙酸纤维素
CF	Cresol Formaldehyde Resin(GB,DIN)	甲酚甲醛树脂
CFK	（参见 KFK）Chemical Fiber Reinforced Plastics	化纤增强塑料
CFM	（参见 PCTFE）Polychloro-Trifluoro Ethylene(ASTM)	聚三氟氯乙烯
CFRP	Carbon Fiber Reinorced Plastics	碳纤维增强塑料
CHC	（参见 CHR,CO,ECO）Epichlorohydrin Ethylenoxide Rubber	共聚氯醇乙烯化氧橡胶
CHR	（参见 CHC,CO,ECO）Epichlorohydrin Rubber	均聚氯醇橡胶
CM	（参见 CPE）Chlorinated Polyethyene(ASTM)	氯化聚乙烯
CMC	Carboxymethyl Cellulose(GB,DIN,ASTM)	羧甲基纤维素
CN	（参见 NC）Cellulose Nitrate(GB,DIN,ASTM)	硝酸纤维素
CO	（参见 CHC,CHR,ECO）Epichlorhydrin Rubber;Polychloro-methyl-oxiran(ASTM)	氯醇橡胶
CP	Cellulose Propionate(GB,DIN,ISO)	丙酸纤维素
CPE	（参见 CM）Chorinated Polyethylene	氯化聚乙烯

缩写代号	原文全名	中文全名
CPVC	（参见 PC，PeCe，PVCC）Chlorinated PVC	氯化聚氯乙烯
CR	Poly-2-chlorobutadiene-1,3 chloroprene Rubber(ASTM,BS)	氯丁橡胶
CS	Casein Plastics(GB, DIN)	酪素塑料
CT	Triacetate Fiber	三醋酸纤维
CTA	Cellulose Triacetate(GB)	三乙酸纤维素
DABCO	Triethylene Diamine	三乙烯二胺
DAP	（参见 FDAP）Diallyl Phthalate Resin(DIN,ASTM)	苯二酸二烯丙酯树脂
DBP	Dibutyl Phthalate(DIN,ISO,IUPAC)	邻苯二（甲）酸二丁酯
DCP	Dicapryl Phthalate(DIN,ISO,IUPAC)	邻苯二酸辛酯
DDP	Didecyl Phthalate(DIN,ISO,IUPAC)	邻苯二酸二癸酯
DEP	Diethyl Phthalate(ISO)	邻苯二酸二乙酯
DHP	Diheptyl Phthalate(ISO)	邻苯二酸二庚酯
DHXP	Dihexyl Phthalate(ISO)	邻苯二酸二己酯
DIBP	Diisobutyl Phthalate(DIN,ISO)	邻苯二酸二异丁酯
DIDA	Diisodecyl Adipate(DIN,ISO,IUPAC)	己二酸二异类癸酯
DIDP	Diisodecyl Phthalate(DIN,ISO,IUPAC)	邻苯二酸二异癸酯
DINA	Diisononyl Adipate(ISO)	己二酸二异壬酯
DINP	Diisononyl Phthalate(DIN,ISO)	邻苯二酸二异壬酯
DIOA	Diisooctyl Adipate(DIN,ISO,IUPAC)	己二酸二异辛酯
DIOP	Diisooctyl Phthalate(DIN,ISO,IUPAC)	邻苯二酸二异辛酯
DIPP	Diisopentyl Phthalate	邻苯二酸二异戊酯
DITDP	Diisotridecyl P(DIN,ISO)	邻苯二酯二异十三酯

续表 5-1

缩写代号	原文全名	中文全名
DITP	（参见 DITDP）Diisotridecyl Phthalate(DIN)	邻苯二酯二异十三酯
DMF	Dimethyl Formamide	二甲基甲酰胺
DMP	Dimethyl Phthalate(ISO)	邻苯二酸二甲酯
DMT	Dimethyl Terephthalate	对苯二酯二甲酯
DNP	Dinonyl Phthalate(ISO,IUPAC)	邻苯二酸二壬酯
DOA	Dioctyl Adipate,Di-2-Ethyexyl Adipate(DIN,ISO,IUPAC)	己二酯二辛酯,己二酸二（2-乙己基)酯
DODP	（参见 ODP）Dioctyl Decyl Phthalate(ISO)	邻苯二酸辛、癸酯
DOIP	Dioctyl Isophthalate,Di-2-Ethylhexyl Isophthalate (DIN,ISO)	间苯二酸二辛酯,间苯二酸二（2-乙己基)酯
DOP	Dioctyl Phthalate Di-2-Ethylhexyl Phthalate (DIN,ISO,IUPAC)	邻苯二酸二辛酯,邻苯二酯二（2-乙己基)酯
DOS	Dioctyl Sebacate,Di-2-Ethylhexyl Sebacate (DIN,ISO,IUPAC)	癸二酸二辛酯,癸二酸二（2-乙己基)酯
DOTP	Dioctyl Terephthalate,Di-2-Ethylhexyl Terephthalate (DIN,ISO)	对苯二酸二辛酯,对苯二酸二（2-乙己基)酯
DOZ	Dioctyl Azelate,Di-2-Ethylhexyl Azelate(DIN,ISO,IUPAC)	壬二酸二辛酯,壬二酸二（2-乙己基)酯
DPCF	Diphenyl Cresyl Phosphate(ISO)	磷酸二苯甲苯酯
DPOF	Diphenyl Octyl Phosphate(ISO)	磷酸二苯辛酯
DUP	Diundecyl Phthalate	苯二酸十一烷酯
EC	Ethyl Cellulose(GB,DIN)	乙基纤维素
ECO	（参见 CHC,CHR,CO）Epichlorohydrin Rubber(ASTM)	氯醇橡胶

缩写代号	原文全名	中文全名
EEA	Ethylene Ethylacrylate Copolymer(ISO)	乙烯/丙烯酸乙酯共聚物
ELO	Epoxydized Linseed Oil(DIN,ISO)	环氧化亚麻仁油
EP	Epoxy Resin(GB)	环氧树脂
E/P	Ethylene Propylene Copolymer(GB,ISO)	乙烯/丙烯共聚物
EPDM	(参见 APT,EPT,EPTR)Ethylene Propylene Terpolymer Rubber	三元乙丙橡胶
EP-G-G	Epoxy Resin Prepregnated Glassfiber Textile	玻璃纤维织物环氧预浸渍物
EPM	(参见 AP,APK,EPR)Ethylene Propylene Rubber(ASTM,ISO)	乙丙橡胶
EPR	(参见 AP,APK,EPM)Ethylene Propylene Rubber(BS)	乙丙橡胶
EPS	Expandable Polystyrene	可发性聚苯乙烯
EPT	(参见 APT,EPDM,EPTR)Ethylene Propylene Terpolymer Rubber	三元乙丙橡胶
EPTR	(参见 APT,EPDM,EPT)Ethylene Propylene Terpolymer Rubber(BS)	三元乙丙橡胶
E-PVC	PVC Emulsions Polymerisate	聚氯乙烯乳液聚合物
E-SBR	SBR Emulsions Polymerisate	丁苯橡胶乳液聚合物
ETFE	Ethylene Tetrafluoroethylene Copolymer(GB)	乙烯/四氟乙烯共聚物
EU	(参见 UE)Polyether based Polyurethane Rubber(ASTM)	聚醚型聚氨本橡胶
EVA	Ethylene Vinylacetate Copolymer(DIN,ISO)	乙烯/乙酸乙烯酯共聚物
EVAC	Ethylene Vinylacetate Rubber(GB)	乙烯/乙酸乙烯酯橡胶
FDAP	(参见 DAP)Diallyl Phthalate(Resin)	苯二酸二烯丙酯（树脂）
FEP	(参见 PFEP)Perluoro Ethylene Propylene Copolymer(GB,DIN,ISO)	全氟（乙烯丙烯）共聚物

续表 5-1

缩写代号	原文全名	中文全名
FLU	Viton	维通橡胶
FPM	Vinylidene Fluoride Hexaflyoropropylene Rubber(ASTM)	偏氟乙烯/六氟丙烯橡胶
FRP	Fiber Reinforce Plastics	纤维增强塑料
FSI	Fluoro Methylsilicon Rubber(ASTM)	含氟甲基硅烷橡胶
GF	(参见 GFK,RP)Glassfiber Plastics	玻纤增强塑料
GF-EP	Glassfiber Epoxy Plastics	E 玻纤环氧塑料
GFK	(参见 GF,RP)Glassfiber Reinforced Plastics	玻纤增强塑料
GF-PF	Glassfiber Phenolic Plastics	玻纤增强酚醛塑料
GFRP	Glassfiber Reinforced Plastics	玻纤增强塑料
GF-UP	Glassfiber Polyester(Unsaturated) Plastics	玻纤增强聚酯塑料(不饱和)
GR-I	Formerly Butyl Rubber(US)	丁基橡胶
GR-M	Chloroprene Rubber(US)	氯丁橡胶
GR-N	Nitril Rubber(US)	丁腈橡胶
GR-S	Styrol Butadiene Rubber(US)	丁苯橡胶
GUP	(参见 GF-UP)GF Unsaturated Polyester Plastics	玻纤增强聚酯塑料(不饱和)
HDPE	High Density Polyethylene(GB)	高密度聚乙烯
HIPS	High Impact Polystyrene(GB)	耐高冲击性聚苯乙烯
HMWPE	High Molecular Weight Polyethylene	高分子量聚乙烯
HR	(参见 Butyl, PIBI) Brtyl Rubber,Isprene Isobutylene Copolymer (ASTM)	丁基橡胶
IR	Isoprene Rubber,Cis 1,4-Polyisoprene "Synthetic Natural Rubber" (ASTM,BS)	异戊二烯橡胶
KFK	Carbonfiber Reinforced Plastics(DIN)	碳纤维增强塑料
LDPE	Low Density Polyethylene(GB)	低密度聚乙烯

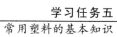
缩写代号	原文全名	中文全名
LLDPE	Linear Low Density Polyethylene	线型低密度聚乙烯
MBS	Methyl Methacrylate Butadiene Styrene Copolymer	甲基丙烯酸甲酯/丁二烯/苯乙烯共聚物
MC	Methyl Cellulose(GB)	甲基纤维素
MDPE	Medium Density Polyethylene(GB)	中密度聚乙烯
MF	Melamine Formaldehyde Rein(GB,DIN,ASTM,ISO)	三聚氰胺甲醛树脂
MOD	Modacrylic Fiber	改性腈纶纤维
MPF	Melamine Phenol Formaldehyde Resin(GB)	三聚氰胺酚甲醛树脂
NBR	(参见 PBAN)Butadiene Acrylnitrile Rubber，Nitrile Rubber(ASTM,BS)	丁腈橡胶
NC	(参见 CN)Nitrocellulose	硝基纤维素
NCR	Nitrile Chloroprene Rubber(ASTM)	腈基氯丁橡胶
NDPE	Low Pressure Polyethylene	低压法聚乙烯
NK,NR	Natural Rubber(ASTM)	天然橡胶
ODP	(参见 DODP)Octyl Decyl Phthalate(ISO)	苯二酸辛、癸酯
OER	Oil Extended Rubber	油充橡胶
PA	Polyamide(GB,DIN,ASTM,ISO)	聚酰胺
PA4	Pa from Butyrolactam	尼龙 4，聚丁内酰胺及纤维
PA6	Pa from Caprolactam(DIN,ISO)	尼龙 6，聚己内酰胺及纤维
PA6I	Pa from Hexamethylene Diamine and Isophthalacid	尼龙 6I，间苯二酯六甲基二胺及纤维
PA6T	Pa from Hexamethylenediamine and Terephthalicacid	尼龙 6T，聚对苯二甲酰己二胺及纤维

续表 5-1

缩写代号	原文全名	中文全名
PA66	PA from Hexamothylene diamine and Adipic acid	尼龙 66,聚己二酰己二胺及纤维
PA610	PA from Hexamethylene diamine and Sebacic acid (DIN,ISO)	尼龙 610,聚癸二酸己二胺及纤维
PA1010	PA from Sebacicdiamine and Sebacic acid	尼龙 1010,聚癸二栈癸二胺及纤维
PA11	PA from 11 amine-Undeca acid(DIN,ISO)	尼龙 11,聚氨基十一酸及纤维
PA12	PA from Lauric Lactam(DIN,ISO)	尼龙 12,聚十二内酰胺及纤维
PA6/12	Mixed PA from Caprolactam and Dcdecanlactam(DIN,ISO)	尼龙 612,聚己内酰胺和聚十二内酰胺混合物及纤维
PA66/610	Mixed PA from Hexamethylene diamine Adipic acid and Sebacic acid	尼龙 66/610 及纤维
PAA	Poly(acrylic acid)(GB)	聚丙烯酸
PAC	(参见 PAN,PC)Polyacrylonitrile(IUPAC)	聚丙烯腈及纤维
PAN	(参见 PAC,PC)Polyacrylonitrile(GB)	聚丙烯腈
PB	(参见 PEB)Polybutene-1(GB,DIN)	聚丁烯-1
PBAN	(参见 NBR)Butadiene Acrylonitrile Rubber	丁腈橡胶
PBR	Pyridine Butadiene Rubber(ASTM)	丁吡橡胶
PBS	(参见 SBR)Butadiene Styrol Rubber	丁苯橡胶
PBT	(参见 PB)Polybutene-1	聚丁烯-1
PBTP	(参见 PTMT)Polybutylene Terephthalate(GB,DIN)	聚对苯二酸丁二醇酯
PC	1. Polycarbonate(GB,DIN,ASTM,ISO) 2. (参见 PAC,PAN)Polyacrylnitrile (usually in textile industry) 3. Formerly:Afterchlorinated PVC	聚碳酸酯 聚丙烯腈 氯化聚氯乙烯
PCR	Polychloroprene Rubber	氯丁橡胶
PCTFE	Polychlorotrifluoroethylene(GB)	聚三氟氯乙烯

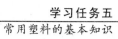
缩写代号	原文全名	中文全名
PDAP	Polyethylene Phthalate(GB,ISO)	聚邻苯二酸二烯丙酯
PE	Polyethylene(GB,DIN,ASTM,ISO)	聚乙烯及纤维
PEC	(参见 CPE)Chlorinated Polyethylene(GB,DIN)	氯化聚乙烯
PeCe	(参见 CPVC,PC,PVCC)After Chlorinated PVC	氯化聚氯乙烯及纤维
PEOX	Poly(ethylene)(GB,ISO)	聚氧化乙烯
PES	Polyester Fiber	聚酯纤维
PET	(参见 PETP)Polyethyleneglycol Terephthalate	聚对苯二酸乙二醇酯
PETP	(参见 PET)Polyethyleneglycol Terephthalate (GB,DIN,ASTM,ISO)	聚对苯二酸乙二醇酯
PF	Phenol Formaldehyde Resin(GB,DIN,ASTM,ISO)	酚醛树脂
PFEP	(参见 FEP) Tetrafluoroethylene Hexafluoropropylene Copolymer	四氟乙烯/六氟丙烯共聚物
PI	1. Polytrans Isoprene(BS)2. Polyimide(GB)	异戊二烯橡胶 聚酰亚胺
PIB	Polyisobutylene(DIN,BS)	聚异丁烯
PIBI	(参见 Butyl,IIR)Butyl Rubber,Isoprene Isobutene Rubber	丁基橡胶
PMI	Polymethacrylimide(GB)	聚甲基丙烯酰亚胺
PMMA	Polymethy Methacrylate(GB,DIN,STM,ISO)	聚甲基丙烯酸甲酯
PMP	Poly-4-Methyl Pentene-1(DIN)	聚-4-甲基戊烯-1
PO	1. Propylene Oxude Rubber(ASTM) 2. Polyolefine	氧化丙烯橡胶 聚烯烃
POM	Polyoxymethylene,Polyformaldehyde,Polyacetal (GB,DIN,ISO)	聚甲醛
POR	Polyepoxy Rubber	环氧丙浣橡胶
PP	Polypropylene(GB,DIN,ASTM,ISO)	聚丙烯及纤维
PPO	Polyphenylene Oxide(GB)	聚苯醚

续表 5-1

缩写代号	原文全名	中文全名
PPS	Polyphenylene Sulfide(GB)	聚苯硫醚
PPSU	Polyphenylene Sulfone(GB,ISO)	聚苯砜
PS	Polystyrene(GB)	聚苯乙烯
PSAN	(参见 SAN)Styrene Acrylnitrile Copolymer(DIN)	苯乙烯/丙烯腈共聚物
PSB	(参见 SB)Styrene Butadiene Copolymer(DIN)	苯乙烯/丁二烯共聚物
PSI	Methylsilicone Rubber With Phonyl Group(ASTM)	甲基苯基硅橡胶
PSU	(参见 PPSU)Polysulfon Resin(GB)	聚砜树脂
PTFE	Polytetrofluoroethy(GB,DIN,ASTM,ISO)	聚四氟乙烯
PTMT	(参见 PBTP)Polytetramethylene Terephthalate	聚四甲基对苯二酸
PU	Hard Polyurethane Elastomer(BS)	硬聚氨酯弹性体
PUR	Polyurethane(GB,DIN,ISO)	聚氨基甲酸酯
PVA	(参见 PVAC)1. 德语 Polyvinylacetate (参见 PVAL)2. 英语 Polyvinylalcohol	聚乙酸乙烯酯 聚乙烯醇及纤维
PVAA	Polyvinyl Acetal	聚乙烯醇缩醛纤维
PVAC	Polyvinylacetate(GB,DIN,ASTM,ISO)	聚醋酸乙烯,聚乙酸乙烯酯
PVAL	Polyvinylalcohol(GB,DIN,ASTM,ISO)	聚乙烯醇
PVB	Polyvinylbrtyral(GB,DIN,ASTM)	聚乙烯醇缩丁醛
PVC	Polyvinylchloride(GB,DIN,ASTM,ISO)	聚氯乙烯及纤维
PVCA	(参见 PVCAC)Vinylchloride-Vinylacetate Copolymer(GB,DIN)	聚氯乙烯/聚乙酸乙烯酯共聚物
PVCAC	(参见 PVCA)Vinylchloride-Vinylacetate(ASTM)	氯乙烯/乙酸乙烯酯
PVCC	(参见 CPVC,PC,PeCe)After chlorinated PVC(GB,DIN)	氯化聚氯乙烯及纤维

缩写代号	原文全名	中文全名
PVDC	Polyvinylidene Chloride(GB,DIN,ISO)	聚偏二氯乙烯及纤维
PVDF	(参见 PVF2)Polyvinylidene Fluoride(GB,DIN,ISO)	聚偏二氟乙烯
PVF	Polyvinyfluoride(GB)	聚氟二烯
PVF2	(参见 PVDF)Polyvinylidene Fluoride	聚偏二氟乙烯
PVFM	(参见 PVFO)Polyvinylformal(GB,DIN,ISO)	聚乙烯醇缩甲醛及纤维
PVFO	(参见 PVFM)Polyvinylformal(DIN)	聚乙烯醇缩甲醛
PVK	Polyvinylcarbazole(GB,DIN,ISO)	聚乙烯咔唑
PVP	Polyvinylpyrolidone(GB)	聚乙烯吡咯烷酮
PVSI	Methylsilicone Rubber with Phenyl and Vinyl Group(ASTM)	甲基苯基乙烯基硅橡胶
PY	Unsaturated Polyester Resin(BS)	不饱和聚酯树脂
RP	Reinforced Plastics(GB)	增强塑料
SAN	(参见 PSAN)Styrene-Acrylnitrile Copolymer (GB,DIN,ISO)	苯乙烯/丙烯腈共聚物
SB	(参见 PSB)Styrene-Butadiene(DIN,ISO)	苯乙烯/丁二烯
SBR	Styrene Butadiene Rubber(ASTM,BS)	丁苯橡胶
SBS	Styrene Butadiene Styrene block Polymer	苯乙烯/丁二烯/苯乙烯嵌段共聚物
SCR	Styrene Chloroprene Rubber(ASTM)	苯乙烯氯丁二烯橡胶
SI	1. Silicone(DIN,ISO) 2. Methylsilicone Rubber(GB,ASTM)	硅硐甲基硅橡胶
SIR	1. Silicone Rubber 2. Styrene Isoprene Rubber(ASTM)	硅橡胶苯乙烯异戊二烯橡胶
SMR	Standardized Malaysian Rubber	标准马来西亚橡胶

续表 5-1

缩写代号	原文全名	中文全名
SMC	Sheet Molding Compound	片状模塑料
SMS	Sthrene Methylstyrene Copolymer(GB,DIN,ISO)	苯乙烯甲基苯乙烯共聚物
S-PVC	PVC Suspension Polymerized	悬浮聚合聚氯乙烯
SYN	Synthetic Fibers	合成纤维类
TCEF	Tricresyl phosphate(ISO)	磷酸三氯乙酯
TCF	(参见 TCP,TKP,TTP)Tricresyl phosphate(DIN,ISO)	磷酸三甲苯酯
TCP	(参见 TCP,TKP,TTP)Tricresyl phosphate(IUPAC)	磷酸三甲苯酯
TDI	Toluylene Diisocyanate	甲代苯撑异氰酸酯
TIOTM	Triisooctyl Trimellitate(DIN,ISO)	偏苯三酸三异辛酯
TKP	(参见 TCF,TCP,TTP)Tricresyl phosphate	磷酸三甲苯酯
TM	Polysulfide Rubbers	聚硫橡胶
TMC	Thick Molding Compound	聚酯黏稠模塑料
TOF	(参见 TOP)Triocty Phosphate,Tri-2-Ethylhexyl Phosphate(DIN,ISO)	磷酸三辛酯,磷酸三(2-乙己基)酯
TOP	(参见 TOF)Trioctyl Phosphate(IUPAC)	磷酸三辛酯
TOPM	Tetraoctyl Pyromellitate(DIN,ISO)	均苯四甲酸四辛酯
TOTM	Trioctyl Trimellitate(DIN,ISO)	偏笨三酸三辛酯
TPA	(参见 TPR)1,5-Trans Polypentene Rubber	1,5-反式聚戊烯橡胶
TPF	(参见 TPP)Triphenyl Phosphate(DIN,ISO)	磷酸三酚酯
TPP	(参见 TPF)Triphenyl Phosphate(IUPAC)	醚酸三酚酯
TPR	1.(参见 TPA)1,5-Trans Polypentene Rubber 2.(参见 TR)Thermoplastic Rubber	1,5-反式聚戊烯橡胶热塑性橡胶
TR	(参见 TPR)Thermoplastic Rubber Butadiene Styrene Block Copolymer	热塑性橡胶 丁苯嵌段共聚物
TTP	(参见 TCF,TCP,TKP)Tricresyl Phosphate	磷酸三甲苯酯

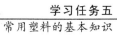

续表 5-1

缩写代号	原文全名	中文全名
UE	Polyurethand Rubber(ASTM)	聚氨酯橡胶
UF	Urea Formaldehyde Resin(GB,DIN,ASTM,ISO)	脲醛树脂
UHMPE	Ultrahigh Molecular Weight Pe(GB)	超高分子量聚乙烯
UP	Unsaturated Polyester Resin(GB,DIN)	不饱和聚酯树脂
UP-G-G	Polyester prepregnated Glassfiber Texfile	玻纤织物聚酯预浸渍物
UP-G-M	Polyester Textilglass Mat Prepreg	玻璃毡聚酯预浸渍物
UP-G-R	Polyester Textilglass Roving Prepreg	玻璃束聚酯预浸渍物
UR	Polyurethane Rubber(BS)	聚氨酯橡胶
UA	Vinyl Acetate	醋酸乙烯
VAC	Vinyl Acetate	醋酸乙烯
VC	(参见 VCM)Vinylchloride	氯乙烯
VC/E	Vinylchloride Ethylene Copolymer(GB)	氯乙烯/乙烯共聚物
VC/E/MA	Vinylchloride Ethylene Maleic Acid Copolymer(GB)	氯乙烯/乙烯/马来酸共聚物
VC/E/MA	Vinylchloride Ethylene Methylacrylate(ISO)	氯乙烯/乙烯/丙烯酸甲酯
VC/E/VAC	Vinylchloride Ethylene Vinylacetate Cipolymer(GB,ISO)	氯乙烯/乙烯/醋酸乙烯共聚物
VCM	(参见 VC)Vinylchloride	氯乙烯单体
VC/MA	Vinylchloride Maleic acid Copolymer(GB)	氯乙烯/马来酸共聚物
VC/MMA	Vinylchloride Methylmethacrylate(ISO)	氯乙烯/甲基丙烯酸甲酯
VC/OA	Vinylchloride Octylacrylate Copolymer(GB,ISO)	氯乙烯/丙烯酸辛酯共聚物

续表 5-1

缩写代号	原文全名	中文全名
VC/P	Vinylchloride Propylene Copolymer	氯乙烯/丙烯共聚物
VC/VAC	Vinylchloride Vinylacetate Copolymer(GB,ISO)	氯乙烯/醋酸乙烯共聚物
VC/VDC	Vinylchloride Vinylacetate Copolymer(GB)	氯乙烯/偏氯乙烯共聚物
VF	Vulcanized Fiber	硬化纸板
VPF	Crosslinked Polyethylene	交联聚乙烯
VSI	Methylsilicone Rubber with Vinyl Group(ASTM)	甲基乙烯基硅橡胶

【巩固习题】

1. 塑料缩写代号 PP 的中文全名为＿＿＿＿＿＿，塑料缩写代号 ABS 的中文全名为＿＿＿＿＿＿，塑料缩写代号 AMMA 的中文全名为＿＿＿＿＿＿。

2. 塑料缩写代号 PVC 的中文全名为＿＿＿＿＿＿，塑料缩写代号 CPVC 的中文全名为＿＿＿＿＿＿。

3. 塑料缩写代号 PE 的中文全名为＿＿＿＿＿＿，塑料缩写代号 LDPE 的中文全名为＿＿＿＿＿＿，塑料缩写代号 MDPE 的中文全名为＿＿＿＿＿＿，塑料缩写代号 HDPE 的中文全名为＿＿＿＿＿＿。

螺杆机筒加工问答100题

1. 对塑料挤出初级工的知识要求有哪些？

2. 对塑料挤出初级工的技能要求有哪些？

3. 什么叫挤出成型？如何分类？

4. 塑料挤出机可分为哪几类？现代塑料工业中常用的是哪两种？

5. 挤出机在挤出成型中的作用是什么？挤出机如何分类？

6. 什么是单螺杆挤出机？

7. 单螺杆挤出机的基本参数有哪些？

8. 单螺杆挤出机有哪些主要零部件？

9. 单螺杆挤出机的型号标注说明什么内容？

10. 普通单螺杆挤出机由哪几个基本系统组成？

11. 普通单螺杆挤出机用螺杆直径的系列有哪些？

12. 什么是普通单螺杆挤出机用螺杆的长径比？

13. 在设计普通单螺杆挤出机用螺杆时通常将螺杆分为哪三段？

14. 什么是普通单螺杆挤出机用螺杆的几何压缩比？通常的范围是多少？

15. 我国普通单螺杆挤出机用螺杆的螺旋升角是多少？

16. 普通单螺杆挤出机用螺杆加料段和计量段的螺槽的深度是什么？

17. 普通单螺杆挤出机用螺杆的螺棱宽度是什么？

18. 什么是螺杆和机筒的间隙？其大小对生产有何影响？

19. 如何根据塑料的品种选用螺杆头部的形状？

20. 在普通单螺杆挤出机用螺杆的计量段,熔料有哪几种流动形式？

21. 普通单螺杆挤出机用新型螺杆有哪几类？

22. 单螺杆挤出机的发展趋势？

23. 单螺杆挤出机辅机有哪几种？其作用是什么？

24. 机筒在什么情况下工作？机筒一般用什么材料制造？

25. 加料系统的基本要求有哪些？

26. 普通加料斗的基本结构有哪些？

27. 什么是双螺杆挤出机？

28. 双螺杆挤出机有几种类型？

29. 双螺杆挤出机的主要参数内容是什么?

30. 双螺杆挤出机中螺杆的基本参数有哪些?

31. 双螺杆挤出机的结构有哪些特点?

32. 双螺杆挤出机中的螺杆结构有几种类型?

33. 按照两根螺杆的相互关系,双螺杆挤出机如何分类?

34. 与平行双螺杆挤出机相比,锥形双螺杆挤出机有哪些优点?同时又有哪些缺点?

35. 双螺杆挤出机中,机筒的基本结构有哪些?

36. 双螺杆挤出机中的机筒结构有什么特点?

37. 双螺杆挤出机的加料装置结构及工作方式是什么?

38. 双螺杆挤出机中,为什么一定用定量加料装置?

39. 料斗结构的常用类型分几种?各有什么特点?

40. 双螺杆挤出机中的四个间隙是哪四个?有何意义?

41. 双螺杆挤出机辅机有哪几种?其作用是什么?

42. 双螺杆挤出机的发展趋势?

43. 根据成型加工的类型,如何选用双螺杆挤出机?

44. 挤出机有哪几种加热装置?

45. 挤出机有哪些部位需要冷却?

46. 现在挤出机通常采取何种温控技术?

47. 挤出机地点温控系统包括几个部位?

48. 机筒的加热和冷却方式和作用是什么?

49. 为什么要控制螺杆的工作温度?怎样进行控制?

50. 传动系统有哪些主要零部件?其作用是什么?

51. 挤出机的传动系统中常用的滚动轴承有哪些?

52. 双螺杆承受轴向力的轴承怎样布置?

53. 挤出机的挤出塑化系统有什么作用?

54. 螺杆结构和各部分尺寸怎样确定?

55. 什么是螺杆的压缩比?怎样选择螺杆的压缩比?

56. 制造螺杆机筒有哪些材料?对其有什么要求?

57. 新型螺杆的结构及作用有哪些?

58. 螺杆的质量要求有哪些?

59. 机筒结构分几种类型?其作用有哪些?

60. 机筒制造质量有哪些要求?

61. 分流板的结构与作用是什么?

62. 什么是快速换网装置？

63. 供料系统由哪些零部件组成？其作用是什么？

64. 挤出机生产用的上料装置有几种？

65. 什么是塑料异型材？有哪些种类和用途？

66. 塑料异型材挤出成型应注意哪些事项？

67. 怎样选择挤出机？

68. 新进厂的设备怎样开箱验收？

69. 挤出机生产线怎样安装？

70. 挤出机怎样验收试车？

71. 试车前应做哪些准备工作？

72. 挤出机生产中的异常故障怎样处理？

73. 管材挤出成型操作要点有哪些？

74. 挤出机怎样进行首班开车生产？

75. 挤出机生产怎样进行交接班工作？

76. 单螺杆挤出机生产操作要点有哪些？

77. 双螺杆挤出机怎样验收试车？

78. 双螺杆挤出机生产操作要点是什么？

79. 挤出机怎样维护保养？

80. 操作工安全生产应注意哪些事项？

81. 零件氮化过程的操作步骤？

82. 零件氮化操作应注意哪几个方面？

83. 螺杆氮化处理的具体技术要求是什么？

84. 机筒氮化处理的具体技术要求是什么？

85. 什么是塑料？如何分类？

86. 什么是树脂？

87. 什么是塑料制品？

88. 什么是热塑性塑料？

89. 什么是热固性塑料？

90. 热塑性塑料与热固性塑料有哪些不同之处？

91. 什么是高温(热)降解？

92. 常用塑料的性能有哪些？

93. 塑料制品挤出成型常用哪些材料？

94. 什么是聚乙烯？聚乙烯有几种类型？

95. 聚乙烯有哪些性能和用途？

96. 什么是低密度聚乙烯？它有哪些性能和用途？

97. 什么是高密度聚乙烯？它有哪些性能和用途？

98. 什么是聚丙烯？它有哪些性能和用途？

99. 什么是聚氯乙烯？它有哪些性能和用途？

100. 什么是 ABS？其性能及用途有哪些？

参考文献

[1] 杨卫民,杨高品,丁玉梅. 塑料挤出加工新技术. 北京:化学工业出版社,2006.

[2] 齐贵亮. 塑料挤出成型实用技术. 北京:机械工业出版社,2012.

[3] 耿孝正. 双螺杆挤出机及其应用. 北京:中国轻工业出版社,2003.

[4] 周殿明. 塑料挤出工问答. 北京:机械工业出版社,2011.

[5] 刘敏江. 塑料加工技术大全. 北京:中国轻工业出版社,2001.